# ERFINDEN UND KONSTRUIEREN

## EIN BEITRAG
## ZUM VERSTÄNDNIS UND ZUR BEWERTUNG

VON

Dr.-Ing. GEORG J. MEYER

**BERLIN**
VERLAG VON JULIUS SPRINGER
1919

ISBN 978-3-642-90103-4     ISBN 978-3-642-91960-2 (eBook)
DOI 10.1007/978-3-642-91960-2

## Vorbemerkung.

Über Erfindung und Erfinden ist viel geschrieben worden, und zwar meist oder fast ausschließlich vom Standpunkt des gewerblichen Rechtsschutzes, vom Gesichtswinkel des Juristen und Patentfachmannes. Derjenige, den die Sache am nächsten angeht, der erfinderische Ingenieur, hat sich mit diesen Fragen wenig oder gar nicht beschäftigt, und so mag es berechtigt erscheinen, wenn diese Dinge einmal von dieser anderen Seite betrachtet werden. Dabei handelt es sich nicht um Überlegungen, die durchweg Neues bieten, sondern um den Ausdruck dessen, was im Geiste des Erfinders und Konstrukteurs bei seiner Arbeit vor sich geht, was ihm dabei mehr oder weniger zum Bewußtsein kommt, aber, soweit dem Verfasser bekannt, in einer solchen Zusammenfassung noch nicht niedergelegt ist.

Jeder Ingenieur ist heute im Zeitalter engster Spezialisierung vorwiegend in einem stark beschränkten Gebiete tätig, und arbeitet fast ausschließlich in diesem erfinderisch. Darum möge entschuldigt werden, wenn manche Überlegungen und die Mehrzahl der Beispiele dem Fache des Verfassers entnommen sind.

Es dürfte dem sachverständigen Leser leicht gelingen, die Erörterungen an den Verhältnissen anderer Teile der Ingenieurtätigkeit zu prüfen und mit entsprechenden Beispielen zu belegen.

# Inhaltsverzeichnis.

|     | | Seite |
|---|---|---|
| I. | Die Begriffe: Entdecken, Erfinden, Konstruieren | 5 |
| II. | Die Stellung der Aufgabe | 9 |
| III. | Der allgemeine Gedankengang | 12 |
| IV. | Das Gesetz des geringsten Aufwandes | 17 |
| V. | Konstruktionsregeln | 19 |
| VI. | Gleichwerte | 24 |
| VII. | Fernliegende Gedankenverbindungen | 26 |
| VIII. | Technisches und erfinderisches Denken | 31 |
| IX. | Übung im erfinderischen Denken | 36 |
| X. | Gedankliche Untersuchung einer Lösung auf Brauchbarkeit | 40 |
| XI. | Die Feuerprobe der Praxis | 42 |
| XII. | Die Stellung des Erfinders zur erzeugenden Industrie | 43 |
|     | Zusammenfassung und Schlußbemerkung | 48 |

## I. Die Begriffe: Entdecken, Erfinden, Konstruieren.

Die vorstehenden Begriffe stellen Abarten des allgemeinen Begriffs „Finden" dar, und es erscheint notwendig, sie gegeneinander abzugrenzen, um Unklarheiten im Folgenden auszuschließen.

Der Begriff des Entdeckens hat zwar im engeren Sinne mit dem Gegenstand dieser Arbeit nichts zu tun, aber da sich Erfindung und Entdeckung an manchen Stellen nahe berühren, erscheint es zweckmäßig, auch letztere zu umschreiben. „Entdecken" heißt, die Decke fortziehen, also etwas Vorhandenes, welches verborgen war, sichtbar machen. Es handelt sich demnach durchweg um das Auffinden eines Vorhandenen, das nicht bekannt war.

„Erfinden" heißt, eine Sache gründlich von Anfang an finden. Die Vorsilbe „Er" hat allgemein eine derartige Bedeutung. Wenn von einem Lügner behauptet wird, er habe seine Aussage erlogen, so ist das mehr als gelogen. Eine Figur erdichten heißt sie neu schaffen, während das Dichten allein sich ebensogut auf bekannte, aber in neuer Zusammenstellung betrachtete Gegenstände beziehen kann. Erklären ist mehr als Klären. Erbauen heißt etwas Neues von Grund auf bauen.

Demnach hat man unter Erfinden das Auffinden oder Schaffen eines Neuen zu verstehen.

Wenn ein Reisender eine neue Insel findet, welche vorher natürlich vorhanden, aber nicht bekannt war, so ist das eine Entdeckung. Spricht ein Forscher Naturgesetze zum ersten Male aus, wie z. B. Kepler seine Gesetze über die Bewegung der Himmelskörper, so gibt er einer vorhandenen Tatsache nur den Ausdruck, er enthüllt sie, also ist es eine Entdeckung, denn das Naturgesetz hat schon vor der Auffindung bestanden und gewirkt, es war nur nicht bekannt.

Wenn das Gesetz in einer scharfen Weise, z. B. mathematisch durch eine Formel festgelegt wird, so ist die Grenze der Entdeckung eigentlich schon überschritten, denn die Erscheinung war wohl vorhanden, ihre Festlegung ist aber neu, die Formulierung ist von dem Forscher neu gefunden, also erfunden worden. Insofern ist es berechtigt, für manche Entdeckungen auch die Bezeichnung „Erfindung" zu gebrauchen.

Der Sprachgebrauch verbindet mit dem Begriffe Erfindung häufig, vielleicht sogar überwiegend, das Kennzeichen, daß das Neue irgendwie verwertbar ist, sei es in wissenschaftlicher oder in wirtschaftlicher Art, daß also die Erfindung die Grundlage weiterer Arbeit oder Tätigkeit bildet. An sich ist diese Nebenbedeutung mit dem Wort nicht verbunden, aber sie hat sich derartig herausgebildet, weil die Erfindung hauptsächlich auf industriellem Gebiete gesucht wird.

Man erfindet Verfahren zur Erzielung bestimmter Wirkungen, etwa zur Steigerung des Ertrages einer Bodenfläche, oder zur Herstellung eines Körpers, eines Heilmittels. Dabei kann das Ergebnis des Verfahrens neu oder altbekannt sein. Das Verfahren kann auch eine bessere, einfachere oder billigere Erzeugung eines bekannten Produktes bedeuten, z. B. auch eines Stoffes aus anderen, besser zugänglichen oder in größerem Umfange vorhandenen Ausgangsbestandteilen: Herstellung des synthetischen Gummis.

Die Erfindung kann sich auf bestimmte Körper beziehen, die vorher nicht bekannt waren oder deren Form und sonstige Eigenschaften von dem Bekannten abweichen und dadurch neue Wirkungen erreichen lassen. Solche Erfindungen nennt man auch Konstruktionen, denn das Konstruieren, welches man im engsten Sinne als Schaffung einer neuen Anordnung von Baustoffen kennzeichnen kann, ist eine Abart des Erfindens.

Dementsprechend könnte man streng genommen jede Konstruktion als Erfindung, aber nur bestimmte Erfindungen als Konstruktionen bezeichnen. Man muß dabei ein zum Teil eingewurzeltes Vorurteil abstreifen, welches darin besteht, daß jede Erfindung eine große Geistestat und jede Konstruktion eine Selbstverständlichkeit oder übliche Maßnahme des Fachmannes sei. Es hat sich gezeigt, daß derartige Grenzen auf nicht definierbaren, rein quantitativen Werten nicht aufgebaut werden können, sondern sich in der Praxis vollständig verwischen. Die Unterscheidung ist auch rein individuell, der eine betrachtet eine Neuerung als hervorragende Erfindung, der andere als selbstverständliche Abänderung. Ein Versuch des Verfassers (E. T. Z. 1911, Betrachtungen über die Grenze zwischen Konstruktion und Erfindung), welcher die Konstruktion auf wenige Gedankenschritte beschränken, die Erfindung bei einer größeren Anzahl gleichzeitig ausgeführter Schritte anfangen lassen wollte, hat sich als nicht durchführbar erwiesen, wie u. a. die Praxis des Patentamtes zeigte.

Das Konstruieren war als Schaffen einer neuen Anordnung von Baustoffen erläutert worden; sein Ergebnis würde in dieser engsten Auffassung ein neuer Körper sein, d. h. ein solcher, der als Ganzes oder in bestimmten, für die Verwertung wesentlichen Teilen neu ist. Diese Definition erweist sich in der Praxis als zu eng, denn es gibt viele Fälle, wo die Anweisung zur Herstellung eines Körpers oder einer Verbindung von Körpern (Kombination) dem Fachmann ohne weiteres praktisch dasselbe gibt wie die Herstellung selbst. Die Übung des Ingenieurs, für manche räumlich komplizierte Anordnungen schematische Abstraktionen zu setzen, führt dazu, daß die Erfindung oder Konstruktion bisweilen nur in solchen Abstraktionen niedergelegt und zunächst gar nicht in eine konkrete Form übergeführt wird, weil diese Überführung für den Fachmann selbstverständlich oder leicht herstellbar, aber in einer Vielzahl räumlicher Gestalten möglich ist.

Ein elektrisches Schaltungsschema ist die Anweisung, wie eine Reihe von Körpern zu einem Stromkreise oder zu einer größeren Zusammenstellung von Stromkreisen gefügt werden soll. Mit der Aufstellung der Linienführung auf dem Papier ist für den Fachmann eine Ausführung oder eine Mehrzahl von Ausführungen in Eisen, Kupfer und Isoliermaterialien so eng verknüpft, daß man die Vollendung der Konstruktion mit derjenigen des Schaltungsschemas gleichsetzen kann, und das Folgende als reine Ausführungsfrage zu betrachten hat. Zwischen dem Schema und der räumlichen Gestaltung in konkreten Körpern besteht etwa dasselbe Verhältnis, wie zwischen der Konstruktionszeichnung und der ausgeführten Maschine.

Ähnliche Beispiele bieten die Diagramme, deren sich der

Ingenieur zur begrifflichen Vereinfachung verwickelter Erscheinungen bedient. Eine bestimmte Form eines Indikatordiagramms enthält z. B. die Anweisung, den Einlaßschieber an einer bestimmten Stelle des Hubes zu öffnen, ein Vektordiagramm für einen Wechselstromzähler die Vorschrift, in einem Stromkreis eine gewisse Phasenverschiebung des Stromes gegen die Spannung zu erzeugen. Der Dampfmaschinentechniker löst die erste Aufgabe durch gewisse Einstellungen und Abänderungen in seiner Steuerung, der Elektrotechniker die zweite durch besondere Verkettungen magnetischer Kreise oder Schaltungen von Selbstinduktionen, Widerständen und Kapazitäten. Eine Verriegelung, die das Eintreten bestimmter Wirkungen von dem Vorhandensein gewisser Bedingungen abhängig macht, kann mit der Feststellung dieser Abhängigkeit als fertige Konstruktion betrachtet werden, die der geübte Kinematiker nach bekannten Regeln in die Wirklichkeit umsetzt. In diesem weiteren Sinne ist die Konstruktion also auch die Anweisung zur Herstellung einer neuen Anordnung von Baustoffen, nicht aber nur die Herstellung selbst.

Dieser Auffassung des Begriffes Konstruktion bzw. des allgemeineren Begriffes Erfindung entspricht auch die Rechtsprechung, die eine solche Anweisung an sich mit allen Lösungen schützt, wenn sie zum ersten Male gestellt und an einem Beispiel durchgeführt ist. Daß für die Erteilung eines Patentes die Weiterbildung eines Beispieles über die Aufgabe hinaus zur konkreten Lösung oder wenigstens zur Zeichnung derselben verlangt wird, ist eine Zweckmäßigkeit, die verhindern soll, daß Aufgaben geschützt werden, die noch gar nicht gelöst oder mit der Aufgabenstellung nicht ohne weiteres lösbar sind. Ist aber die Form so gegeben, daß eine hinreichend klare, für den Fachmann leicht zu befolgende Anweisung festgelegt ist, so ist damit die Aufgabe bis auf einen praktisch für das Ergebnis belanglosen Rest gelöst.

Konstruktionen waren als Schaffung einer neuen Anordnung von Baustoffen definiert worden. Es wird sich dabei nur um räumliche Anordnungen handeln können, und daher ist das Gebiet der Konstruktionen im wesentlichen die mechanische Industrie, denn in der chemischen Industrie werden neue Anordnungen von Baustoffen als Endzweck nicht vorkommen.

Eine andere chemische Verbindung kann man in dieser Weise doch nicht bezeichnen, und ein Verfahren fällt auch nicht unter diese Definition. Einrichtungen für chemische Zwecke sind aber nicht als Endzweck dieser Industrie zu betrachten, sondern als Hilfsvorrichtungen, deren Erzeugung nicht in das Gebiet der chemischen, sondern der mechanischen Industrie fällt.

Die Ausführungen, die im folgenden über Konstruktionen gemacht werden, beziehen sich demnach ausschließlich auf die mechanische Industrie.

## II. Die Stellung der Aufgabe.

Jede Erfindung oder Konstruktion fängt mit der Stellung der Aufgabe an, und manche ist mit der richtigen Stellung der Aufgabe bereits gelöst. Es ist daher zunächst zu untersuchen, wie sich im allgemeinen die Stellung der Aufgabe vollzieht.

Wie in dem ganzen hier zu betrachtenden Gebiet kann man gewisse Regeln auffinden, die die überwiegende Mehrzahl der Fälle decken. Damit soll aber nicht gesagt sein, daß es nicht manchmal, wenn auch selten, anders kommt.

Man kann zwischen primärer und sekundärer Aufgabenstellung unterscheiden. Im ersteren Falle liegt zunächst die Aufgabe vor, und der Erfinder sucht nach der Lösung. Im anderen macht der Betreffende irgendeine Beobachtung, die ihn zur Aufsuchung einer Verwertung dieser Beobachtung anregt.

Die primäre Aufgabenstellung ist auf einen unbefriedigenden Zustand zurückzuführen. Es haben sich z. B. in der Praxis bei den vorhandenen Einrichtungen Übelstände gezeigt, die der Erfinder zu beseitigen sucht. Es handelt sich um Entfernung störender Nebenerscheinungen oder grundsätzlicher Fehler. Der Wirkungsgrad einer vorhandenen Einrichtung ist zu gering, die Verluste größer als zulässig. Unglücksfälle oder Zerstörung wirtschaftlicher Werte erfordern Schutz- und Sicherungsvorrichtungen oder -maßnahmen. Ein anderer Fall besteht darin, daß die Herstellung eines Gegenstandes zu kompliziert oder zu teuer ist, daß die Ausgangskörper selten oder nicht in genügender Menge vorhanden sind, unter Umständen, daß die bisherige

Herstellungsweise zu einer unerwünschten Abhängigkeit vom Auslande führt. Ein sehr wesentliches Anregungsmittel bildet die Konkurrenz, die die Wettbewerber zur Verbesserung, Vereinfachung, Verbilligung anspornt.

In den meisten Fällen dieser primären Aufgabenstellung handelt es sich um industrielle Bedürfnisse, die vorwiegend, wenn nicht ausschließlich, den sachkundigen Kreisen zum Bewußtsein kommen, die aber für den Außenstehenden unbekanntes Land bedeuten. In den beteiligten Fachkreisen ist dabei das Gefühl des Unbefriedigtseins häufig weit verbreitet, dann spricht man davon, daß die Erfindung in der Luft liege, und es ist Sache des Zufalls, wer von den vielen Bewerbern der erste ist. Solche Erfindungen werden nicht selten gleichzeitig oder nahezu gleichzeitig, aber unabhängig, von verschiedenen Stellen gemacht, weil die gleiche Unzufriedenheit zur Stellung gleicher Aufgaben veranlaßt.

Dieser Fall tritt insbesondere dann ein, wenn ein Verbraucher den verschiedenen Erzeugern das Bedürfnis mitteilt, ohne eine unmittelbare Lösung zu geben.

Ganz anders entsteht die sekundäre Aufgabe. Sie findet sich vor allen Dingen auf dem Gebiet der wissenschaftlichen Forschung. Die planmäßige Entwicklung der Untersuchungen im bearbeiteten Gebiet führt zu Ausgestaltungen, die neue Wege bieten. Es handelt sich meist um Ausläufer, die ohne die gründliche Durchforschung dem Betreffenden kaum zum Bewußtsein gekommen wären. Einfache Erscheinungen werden untersucht, dies führt zur Aufstellung allgemeinerer Gesetze, die man möglichst in das mathematische Gewand von Formeln kleidet, und durch Veränderung derjenigen Unabhängigen, die bisher als unveränderlich betrachtet wurden und daher meist wenig Beachtung erzielten, erschließt man neue Gedankenreihen, die sich praktisch auswerten lassen. In solchem Falle ist das Primäre die aus den Untersuchungen abgeleitete Tatsache, also eine Entdeckung, das Sekundäre die daraus entwickelte Frage: „Wozu läßt sich die Sache verwerten?"

Eine Abart der sekundären Aufgabenstellung entsteht daraus, daß die letzte Frage auf eine nicht planmäßig gesuchte, sondern nur nebensächlich, gewissermaßen zufällig gemachte Beobachtung angewendet wird. Der ausströmende Dampf eines

Teekessels führte Papin zur Verwertung der Spannung des Dampfes und verursachte die Entwicklung, die die Erfindungen des Dampfkessels, der Dampfmaschine, der Dampfturbine auslöste.

Solche Beobachtungen, die ungesucht dem Geiste des Erfinders entgegentreten, können ganz neue Gedankenreihen bei ihm anklingen lassen, können aber auch das fehlende und gesuchte Schlußglied einer Kette bilden, die im Gehirn des Erfinders in ihren Einzelbestandteilen aufgespeichert lag und nur des Abschlusses harrte. Ein Beispiel ist der fallende Apfel, der das Gravitationsgesetz von Newton auslöste, und die überlaufende Badewanne, die dem Archimedes die Bestimmung des spezifischen Gewichtes einer goldenen Krone eingab.

Der in zweiter Reihe geschilderte Fall der sekundären Aufgabenstellung, der an die nicht gesuchte Beobachtung anknüpft, setzt oft eine ungewöhnliche Empfindlichkeit des Geistes voraus und wird häufig als geniale Erfindung bezeichnet. Es handelt sich aber vorwiegend um eine besondere Schärfung der Beobachtungsgabe, die meist das Resultat einer andauernden Erziehung oder Selbsterziehung ist.

Vorstehendes bezog sich nur auf die Aufgabe, die als erster Ausgangspunkt der Arbeit dient. Oft muß diese Form erst umgewandelt werden, um den Ansatz zur Lösung zu ermöglichen.

Dem Archimedes ist die primäre Aufgabe gestellt, nachzuweisen, ob eine Krone aus reinem Gold angefertigt ist. (Erste Form der Aufgabe.) Ohne weiteres ist die Lösung unmöglich, denn chemische Kenntnisse stehen ihm nicht zur Verfügung, er muß mit physikalischen Mitteln arbeiten. Also erinnert er sich, daß Gold wesentlich schwerer ist als andere gelbe Metalle und Legierungen, d. h. daß irgendein Körper aus Gold mehr wiegt als ein gleicher Körper aus anderem Stoff. Also ist das Gewicht der Raumeinheit Gold zu bestimmen (zweite Form der Aufgabe). Das macht man, indem man das Gewicht durch das Volumen dividiert. Das Gewicht ist mit einer Wage leicht zu messen, wie aber bestimmt man das Volumen eines unregelmäßigen Körpers, wie diese Krone ist? (Dritte Form der Aufgabe.)

Erst bei dieser Fassung ist der Ansatz zur Lösung gefunden; das Weitere ist bekannt: A. beobachtet als er in die Badewanne steigt, daß ein gewisses Quantum Wasser überläuft, und daß das verdrängte Volumen gleich dem seines eingetauchten Körpers ist. Daran schließt er die Folgerung, daß er das Volumen der Krone durch Verdrängung des Wassers messen kann, indem er die Krone hineintaucht, und damit ist die Lösung gegeben.

## III. Der allgemeine Gedankengang.

Im Folgenden soll der sich meist wiederholende Gedankengang in der Entwicklung einer Erfindung beschrieben werden, wobei der häufigste Fall, nämlich derjenige der primären Aufgabenstellung, zugrunde gelegt wird. Auch in dem anderen Falle ist mit der ersten Aufgabenstellung die Erfindung oder Konstruktion meist noch nicht vollendet, so daß ein ähnlicher Gedankengang einsetzt.

Es ergibt sich im allgemeinen eine wechselnde Reihe analytischer und synthetischer Überlegungen, indem jeder Gedanke vereinfacht und auf seine grundlegenden Bestandteile untersucht, dann seine Anwendbarkeit auf die Aufgabe geprüft wird, Abänderungen unter Benutzung des Grundgedankens entworfen und auf ihre Brauchbarkeit durchforscht werden, usf.

Die Aufgabe stellt sich selten zu Anfang in einer derartigen Form dar, daß man damit schon etwas Rechtes anfangen kann (s. unter II.). Das Unbefriedigtsein über Störungen und Schäden bei den vorhandenen Einrichtungen löst zunächst die allgemeine Aufgabe aus, es besser zu machen. Nun wird analysiert, inwiefern das Vorhandene unbefriedigend ist, d. h. aus den Erscheinungen wird herausgezogen, was erwünscht und was unerwünscht ist. Diese wichtigen Gesichtspunkte sind aber meist durch eine Fülle nebensächlicher Erscheinungen verdeckt oder entstellt, die erst fortgebracht werden müssen, damit nur das Wesentliche übrig bleibt.

Ist dies geschehen, so wird man eine Kausalreihe aufzufinden suchen, die die unerwünschte Wirkung auf die erzeugenden Ursachen zurückführt und wird diese Reihe je nach Bedarf zu den tiefer liegenden Ursachen verfolgen.

In diesem kleinen Zusatz „je nach Bedarf" liegt ein wesentliches Kennzeichen der Gewandtheit und Geschicklichkeit des Konstrukteurs. Es kommt darauf an, die Kausalreihe weit genug zu verfolgen, aber auch nicht zu weit. Beide Fehler, die ungenügende und die übermäßige Verfolgung, führen zu falschen Lösungen, und die Herausfindung des kritischen Punktes, an dem die Abänderung einzusetzen hat, entscheidet über den Erfolg, sowie über die zur Lösung aufzuwendende Arbeit.

Ein Beispiel aus der Elektrotechnik zeigt dies deutlicher:

Überlastungen und Kurzschlüsse in elektrischen Stromkreisen haben zu Beschädigungen geführt, indem Leiter zerstört oder benachbarte Teile beschädigt wurden. Die erste Aufgabe besteht darin, diese Schäden zu vermeiden. Der Schaden entsteht durch eine zu hohe Temperatur des betr. Leiters. Diese Temperatur wieder ist eine Folge einer größeren Reihe von Ursachen, unter denen zu hohe Stromdichte eine besonders auffallende ist. Man kann mit den Abänderungsentwürfen bei dem Punkte ansetzen, der durch die zu hohe Temperatur des Leiters gegeben ist. Man kann aber auch die Kausalreihe weiter zurückverfolgen und bei der zu hohen Stromdichte einsetzen. Der erste Weg führt auf thermische Schutzvorrichtungen, deren Temperatur oder Übertemperatur zu derjenigen des betrachteten Leiters in Beziehung gesetzt wird, der zweite zu den Überstromschutzvorrichtungen, bei denen nicht mehr die Temperatur des Leiters, sondern die ihn durchfließende Stromstärke für die Ableitung der Sicherungsvorrichtung zugrunde gelegt wird.

Da nun die Temperatur des Leiters nicht allein von der Stromdichte abhängt, wird die Überstromschutzvorrichtung, die die weiter einwirkenden Ursachen vernachlässigt, unvollkommen wirken. Bei zu hoher Raumtemperatur z. B. wird die Überstromschutzvorrichtung keine genügende Sicherheit, bei sehr niedriger Temperatur aber eine übertriebene Sicherheit bieten, d. h. im ersten Falle schaltet sie den Leiter nicht aus, obwohl er zu warm ist, und im zweiten schaltet sie ihn aus, wenn die Erwärmung noch lange nicht gefährlich geworden ist.

Geht man in der Kausalreihe nicht so weit zurück, sondern setzt bei der Betrachtung der gefährlichen Temperatur an, so kommt man auf sachlich richtigere Lösungen, wenngleich die Entwicklung dieser Lösungen bis zur einwandfreien Wirkung eine umfangreiche Arbeit erfordert.

Ist der kritische Punkt in der Kausalreihe festgelegt, so muß die Lösung hier angeknüpft werden, und zwar entweder, indem man durch Einführung neuer Bedingungen eine Abänderung hervorruft, die die gewünschte abweichende Wirkung hervorbringt, oder indem man der Reihe eine ganz andere Richtung gibt. Hier kommt die Übung und Geschicklichkeit des Konstrukteurs in der Bildung von Gedankenassoziationen in Frage, indem die allgemein feststehenden Regeln ausgenutzt werden oder an Stelle einzelner Elemente mehr oder weniger gleichwertige gesetzt werden, indem gleichartige Lösungen aus anderen benachbarten oder ferner liegenden Gebieten der Technik herangezogen werden oder schließlich Gedanken miteinander verknüpft werden, die vorher einen sichtbaren Zusammenhang nicht hatten. Diese verschiedenen Gedankenoperationen sollen später getrennt behandelt werden, im vorliegenden Zusammenhang genügt es, zu erwähnen, daß sie zu einer abweichenden Kausalreihe führen, die, in der Richtung von der Ursache zur Wirkung weiter verfolgt, auf synthetischem Wege eine neue Lösung gibt.

Damit ist aber Konstruktion oder Erfindung noch lange nicht fertig, wenngleich manches Patent in diesem Stadium angemeldet wird. Der richtige Ingenieur nimmt die gefundene Lösung unter die Lupe und analysiert sie zunächst nach dem Gesichtspunkt der Brauchbarkeit und der Störungsmöglichkeiten. Für diese Untersuchung bieten sich zwei Formen, nämlich die theoretische in Gedanken und auf dem Papier, und die praktische mittels des Experiments. Der rechte Ingenieur wird beide benutzen und wird in Erkenntnis der vielen Fehlerquellen, die seinen Überlegungen anhaften können, und der vielen Vereinfachungen, die er für die Ableitung machen mußte, das Gefundene nicht eher als eine Lösung betrachten, als das Experiment ihm die Richtigkeit bewiesen hat.

Letzteres ist wieder in zwei Formen möglich, nämlich als Laboratoriumsexperiment unter vereinfachten, gewissermaßen stilisierten Bedingungen und als Versuch in der Praxis mit Berücksichtigung ihrer vielgestaltigen Anforderungen. Erst der

## Der allgemeine Gedankengang.

zweite, der richtige, große Versuch gibt die Gewähr, daß in der Ableitung kein Fehler vorhanden ist.

Als Beispiel sei die Konstruktion eines Hochspannungsisolators angeführt. Da läßt sich vieles auf dem Papier rechnen und entwerfen, aber das Papier ist geduldig und trägt einen Fehler, ohne ihn merken zu lassen. Findet man mit Überlegungen und Rechnungen keinen Irrtum heraus, so führt man ein Exemplar aus, wobei sich manchesmal noch Fehler während des Herstellungsprozesses zeigen. Ist der Isolator in der gewünschten Form fertig, so wird er ins Prüffeld gebracht und einer verschärften Untersuchung unterzogen. Die Erschwerung der Bedingungen kann aber immer nur in bestimmter Richtung stattfinden, z. B. bezüglich der Höhe der Betriebsspannung. Andere Gesichtspunkte lassen sich im Laboratorium nicht untersuchen, z. B. der Einfluß jahrelang andauernder elektrischer Beanspruchung durch die Betriebsspannung, allmähliche Beeinflussung durch Nebenumstände, die sich im Laboratorium nicht nachbilden lassen, wie z. B. Niederschlag von Staub aus der Luft. Hier kann nur die Prüfung der tatsächlichen Praxis ein Urteil ermöglichen.

Damit ist die Erfindung immer noch nicht fertig, selbst wenn sie alle Prüfungen bestanden hat. Sie ist dann nur zu einem vorläufigen Abschluß gekommen, denn es ist durchaus nicht gesagt, daß die gefundene Lösung die günstigste und zweckmäßigste ist. Der Konstrukteur fängt wieder an zu analysieren. Er schält aus der gefundenen Lösung durch Fortlassung alles Nebensächlichen und durch Verallgemeinerung der einzelnen Kennzeichen zu möglichst vielseitigen Begriffen eine prinzipielle Grundform heraus. Diese ist infolge des geschilderten Prozesses natürlich reichlich abstrakt. Daher setzt wieder die synthetische Betrachtung ein, um möglichst vielseitige konkrete Lösungen, d. h. Abänderungsmöglichkeiten der erstgefundenen zu entwickeln. Jede solche ist eine neue Lösung, und jede muß wieder wie die erste untersucht werden, wie weit sie brauchbar ist und welche Störungen sie ergibt.

Die Erfahrung zeigt, daß die erste Lösung meist nicht die beste ist, sondern daß man auf dem geschilderten Wege von komplizierten, unhandlichen, unpraktischen Formen systematisch zu besseren gelangt. Der erste Weg ist meist ein Umweg.

Wenn nun unter den Lösungen die in bezug auf die Wirkung besten herausgesucht sind, kommt die praktische Auslese an die Reihe. Es handelt sich dann darum, unter mehreren sachlich ganz oder annähernd gleichwertigen Lösungen diejenige herauszufinden, die technisch und vor allen Dingen wirtschaftlich die günstigste ist. Denn der Ingenieur, auch der Erfinder, will schließlich Wirtschaftswerte erzeugen und arbeitet, wenn auch bisweilen unbewußt, nach dem energetischen Gesetz. Mit einem Mindestaufwand von Mitteln das Höchste und Beste an Wirkung zu erzielen, ist der Zweck jeder Erfindung und Konstruktion. Und dieses Optimum findet man nur durch andauerndes Vergleichen verschiedener Lösungen, daher muß jede Arbeit bis zum Schluß in der geschilderten Weise durchgeführt werden. Wer mit der ersten Lösung aufhört, mag sich als „Erfinder" betrachten, der rechte Ingenieur, Erfinder oder Konstrukteur muß die Sache in der geschilderten Weise bis zum Schluß durchdenken.

An diese Entwicklung schließt sich bisweilen noch ein weiterer Ausbau, indem das Ergebnis zur Grundlage einer weiteren Untersuchung gemacht wird, ob und wie weit es noch für andere Zwecke anwendbar ist. Es kommt vor, daß auf diese Weise die vollendete Konstruktion noch weiteren Gesichtspunkten angepaßt werden kann, und dadurch neue Gebiete befruchtet oder erschlossen werden. Allerdings gehört dies schon nicht mehr zur ersten Erfindung, sondern bedeutet eine sekundäre Aufgabenstellung und Überleitung zu einer zweiten.

Mit dieser Arbeit ist nun die Erfindung zu einer gewissen Gedankenreife gebracht, sie ist aber in diesem Zustand nicht mehr als ein Stück Papier oder bestenfalls eine Patentanmeldung. Jetzt beginnt erst die wirkliche Arbeit und Mühe, die Erfindung lebensfähig zu machen, aus dem hilflosen Wickelkind einen schaffenden Menschen zu erziehen, aus dem blassen Gedanken Taten und wirtschaftliche Werte zu erschaffen. „Ein Kinderspiel ist es eben nicht, Gedanken in Fleisch und Blut, in Holz und Eisen zu verwandeln." (Eyth.) Doch dies gehört nicht mehr zum Gegenstand unserer Betrachtungen.

## IV. Das Gesetz des geringsten Aufwandes.

Das vielgestaltige Bild der Konstruktionen und Erfindungen wird, wie das ganze wirtschaftliche Leben, von dem Grundgesetz des geringsten Aufwandes beherrscht, und fast alle Aufgaben, die zu Konstruktionen und Erfindungen führen, lassen sich auf dieses Gesetz zurückführen. Der angestrebte Zweck muß mit den geringsten Mitteln erfüllt werden, und von mehreren Lösungen ist stets diejenige die beste, die diesem Gesetz entspricht.

Dieser Grundsatz hat das technische Denken von jeher beherrscht, lange ehe Ostwald dafür den Namen des energetischen Imperativs prägte.

Dabei muß jede einseitige Betrachtung vermieden werden, denn es kommt auf das Endergebnis an, und oft wird ein vorzüglicher Wirkungsgrad eines Teiles mit schlechteren Eigenschaften anderer verbunden sein, so daß das Gesamtresultat doch nicht das beste wird.

Wie das Minimum einer Kurve auf beiden Seiten von ansteigenden Ästen begrenzt ist, so tritt auch das Minimum des Aufwandes bei einer ganz bestimmten Kombination ein, und eine Verschiebung nach der einen oder anderen Seite bewirkt eine Verschlechterung.

Jede Konstruktion stellt ein Kompromiß zwischen sich widerstrebenden Gedankenreihen dar. Eine Brücke kann durch Mehraufwand an Material stärker und sicherer gemacht werden, aber damit steigen die Baukosten, und es ist Sache des Konstrukteurs, einen bestimmten Sicherheitsgrad festzulegen und nicht mehr Material aufzuwenden, als zur Erreichung dieses Sicherheitsgrades unbedingt notwendig ist. Die einzelnen Wissensgebiete der Technik geben die Anweisung, wo das Material unentbehrlich ist, und es ist ein Fehler, des äußeren Aussehens wegen Verschwendung zu treiben. Das Auge des Betrachters lernt an guten Ausführungen und bildet sich in der Schätzung der Massen. Als der Eiffelturm gebaut wurde, galt er für ein Wunder, man betrachtete ihn als überschlank und mancher zweifelte an der Festigkeit und Beständigkeit. Heute hat man sich an die elegante, feine Gliederung gewöhnt und würde das, was dem älteren Betrachter vertrauenerweckender erschienen wäre, plump finden. Solche Betrachtungen führen auf die Entwicklung des Stils der Technik.

Man kann durch immer weitergehende Verbesserungen und Verfeinerung den Wirkungsgrad einer Maschine steigern, aber je höher der Wirkungsgrad ist, um so mehr steigt der Aufwand zu seiner Verbesserung. Geht man in dieser Richtung zu weit, so entsteht eine nutzlose Wirkungsgradfexerei. Das Gesetz vom geringsten Aufwand schreibt in diesem Fall vor, daß die gesamten Betriebskosten ein Minimum werden, und in ihnen spielen Amortisation und Verzinsung eine wichtige Rolle. Mit dem Aufwand an Material und Arbeit, der zur Erhöhung des Wirkungsgrades nötig ist, vergrößern sich die Anschaffungskosten, und es kommt ein Punkt, wo die vermehrte Verzinsung und Amortisation die Ersparnis an eigentlichen Betriebskosten, z. B. Kohle, überwiegen.

Bei gleichem Anschaffungspreis wird eine Maschine, die selten mit Vollast arbeitet, nicht dann die beste Wirkung ergeben, wenn sie bei Vollast den höchsten Wirkungsgrad, bei normalem Betrieb mit halber oder dreiviertel Last dagegen einen schlechteren gibt. Nicht der theoretische Wirkungsgrad, sondern der Wirkungsgrad des tatsächlichen Betriebes ist maßgebend.

Ein Porzellanisolator kann durch Vergrößerung der Kriechflächen, also Anbringung vieler Rippen, in der Richtung verbessert werden, daß seine Überschlagsspannung steigt. Auf den vielen Rippen setzt sich aber Staub an und erschwert die Reinigung. Bleibt der Staub liegen, so verringert sich dadurch wieder die Überschlagsspannung, und wird er regelmäßig und rechtzeitig entfernt, so kostet dies Wartung, also Arbeit und Geld und stört im Betriebe. Zwischen den beiden Endwerten des glatten Isolators ohne Rippen und des zu stark gerippten Isolators hat der Konstrukteur den praktisch vorteilhaftesten Mittelweg durch ein Kompromiß zu wählen.

Als besonders kostbares Gut ist das Menschenleben und die menschliche Gesundheit in die Rechnung einzustellen. Das führt auf Sicherungsmaßnahmen, und man sollte glauben, daß wenigstens in dieser Beziehung keine Grenze gezogen sei. Und doch besteht überall eine solche, denn zuviel Sicherungsmaßnahmen können durch verstärkte Komplikation das Gegenteil erreichen, eine Konstruktion verschlechtern, ja geradezu unwirtschaftlich und unmöglich machen. Die Kosten der menschlichen Arbeit, die Schwierigkeit, den richtigen Mann an eine bestimmte Stelle zu setzen, die Unzuverlässigkeit des Maschinenteils „Mensch" führen zur Ausbildung selbsttätiger Vorrichtungen. Hierin darf man aber nur so weit gehen, als mit dem Gesetz vom geringsten Aufwand zu vereinigen ist, denn je mehr die selbsttätige Wirkung angestrebt wird, um so komplizierter werden die Einrichtungen, und um so größer werden die Störungsmöglichkeiten. Das Bedienungspersonal, das mit selbsttätigen Einrichtungen arbeitet, kommt leicht in die Gefahr, allzuviel darauf zu vertrauen und nachlässig zu werden. So erscheint die zurückhaltende Stellung der Eisenbahnverwaltung gegen eine weitreichende Einführung selbsttätiger Zugdeckungen durchaus verständlich. Ein Zuviel ist auch hier vom Übel, es vergrößert die Unsicherheit und damit den Aufwand.

## V. Konstruktionsregeln.

Es gibt feststehende Regeln für den Entwurf von Konstruktionen, die teils für das ganze Gebiet der Konstruktionslehre gelten, teils aber sich nur über ein mehr oder weniger weites Spezialgebiet erstrecken. Diese Regeln stellen den Niederschlag vergangener Erfahrungen, guter wie schlechter, dar, und ihre Zahl vergrößert sich mit den wachsenden Kenntnissen. Eine neue Erfindung wird allmählich zum Gemeingut und dann zur selbstverständlichen Regel. Die Erfindung des Hörnerblitzableiters zeigte, daß eine bestimmte Gestaltung der zum Lichtbogen führenden Stromwege eine dynamische, ausblasende Wirkung, wenigstens bei größeren Stromstärken, auf denselben ausübt. Heute wird jeder Konstrukteur von Schaltern für mittlere und große Stromstärken die Bauart so wählen, daß dieselbe Gestaltung der Stromfäden bei der Bildung des Lichtbogens auftritt und damit die dynamische Blaswirkung erzielt wird.

Es würde zu weit führen, wenn man diese Regeln, auch nur in einem gedrängten Überblick, hier aufführen würde. Es handelt sich nur darum, zu zeigen, daß sie vorhanden sind und für die Entwicklung von Konstruktionen und Erfindungen eine wertvolle Beihilfe bieten. Im Interesse der Fortbildung würde die Feststellung des gesamten Umfanges dieser Regeln für das Gebiet der ganzen Technik und für ihre einzelnen Arbeitszweige sehr erwünscht sein, und zwar müßten solche Zusammenstellungen in gewissen Zeitabschnitten wiederholt und ergänzt werden, da sich der Kreis dieser Regeln andauernd erweitert. Derartige Zusammenstellungen würden dem Konstrukteur und Erfinder eine wertvolle Hilfe gewähren und unsere Literatur zweckmäßig ergänzen. Allerdings erfordert die Aufstellung solcher Sammlung eingehende Kenntnisse nicht nur auf einem Spezialgebiet, und unsere besten Köpfe sind durch ihre praktische Tätigkeit zu sehr in Anspruch genommen und scheuen die Preisgabe ihrer Erfahrungen. Wenn man bedenkt, daß jeder einzelne von den Veröffentlichungen der anderen mehr lernen dürfte als er selbst preisgibt, so scheint diese Befürchtung unbegründet. Es kommt nur darauf an, daß einer mit gutem Beispiel vorangeht, die Nachfolger werden sich sicherlich finden.

Eine Zusammenstellung der Erfahrungen und Konstruktionsregeln, die sich auf ein bestimmtes Arbeitsgebiet beziehen oder in sachlicher oder formaler Verbindung stehen, kann die Grundlage eines neuen Wissenszweiges bilden, der dann als eigene Wissenschaft weiter entwickelt wird. Ein derartiges Beispiel bietet die Kinematik.

Die Beobachtung der eigenen Tätigkeit des Konstrukteurs und ein Vergleich mit den auf dem Markt befindlichen Konstruktionen, das Studium der Entwicklung eines oder mehrerer Industriezweige während eines Zeitraumes von etwa 10 bis 20 Jahren und eine kritische Durchsicht der einschlägigen Patentanmeldungen und Gebrauchsmuster ergeben ein reichhaltiges Material für solche Zusammenstellungen.

Im Rahmen dieser Arbeit können nur einige Beispiele erwähnt werden, andere finden sich in der bereits genannten Arbeit des Verfassers (E. T. Z. 1911).

Formveränderungen gegenüber bekannten Anordnungen sind auf mannigfache Gesichtspunkte zurückzuführen: Anpassung an neue Materialbeanspruchungen in Bezug auf mechanische Festigkeit, elektrische Leitfähigkeit, Isolationsfähigkeit und besondere Leistungen, wie geringe Verluste beim Betriebe und Erhöhung des Wirkungsgrades (Schaufelform von Turbinen, Bemessung von Abbrennstellen an elektrischen Apparaten, Dichtungen usw.). In Fällen, bei denen die Beanspruchung sich nicht geändert hat, wird eine bessere Anpassung an das Gesetz vom geringsten Aufwande gesucht, sei es durch Ersparnis von Material, sei es durch Verringerung der Erzeugungsarbeit, jedenfalls eine Verbilligung der Herstellungs- oder Betriebskosten, wenn möglich beider gleichzeitig.

Rein wirtschaftliche Gesichtspunkte sind maßgebend für die Zusammenfassung getrennter Teile zu einem Ganzen, für die Verschmelzung von Einzelteilen mit verschiedener Wirkungsweise zu einer Einheit mit mannigfacher Wirkung; umgekehrt kann die Zerlegung einheitlicher Körper in mehrere Teile eine leichtere oder billigere Herstellung (Vermeidung von Kernguß, Zusammensetzung aus Teilen, die sich für Massenherstellung eignen) oder eine Verwendung von Normalien ermöglichen. Je nach dem Einzelfalle wird von den beiden entgegengesetzten Konstruktionsgedanken der Zusammenfassung und der Zerlegung der eine oder der andere verwendet werden.

Bisweilen kann eine Komplikation der Form eine Vereinfachung der Herstellung bewirken, indem z. B. die Einfügung von Einstellvorrichtungen den Zusammenbau erleichtert und damit der Gesamtaufwand verringert wird.

Für die Verstärkung der Wirkung gibt es mannigfaltige Wege: Verstärkung und Vergrößerung der wirksamen Teile in einheitlicher Form oder Multiplikation derselben durch mehrfache Verwendung eines Normalteiles, Zerlegung von Arbeiten, entweder in große Wege mit kleiner Kraft, oder kleine Wege mit großer Kraft, d. h. Übersetzungen (Hebel- und Räderwerke, Schloßverklinkungen, hydraulische Übersetzungen), ferner Häufung gleichwertiger Mittel.

Eine Verstärkung der Wirkung läßt sich ferner durch Kraftspeicher erzielen (gespannte Federn, gehobene Gewichte und Körper in labilem Gleichgewicht, sei es elektrischer Art, wie Magnetkerne in einem stark geschlossenen Feld, sei es mechanischer Art, Akkumulatoren für Wasser oder elektrischen Strom, elektrische Netze, die durch Relais zu Hilfe genommen werden). Solche Kraftspeicher müssen zum Zweck der Wirkung meist aufgezogen werden, was von Hand, direkt oder indirekt (mittels eines Uhrwerkes), durch besondere Hilfskräfte oder schließlich durch die gesteuerte Vorrichtung selbst erfolgen kann.

Ein fruchtbares Prinzip besteht in der Umkehrung. Umgekehrte Ursachen ergeben meist umgekehrte Wirkungen, doppelte Umkehrungen dagegen die gleiche Wirkung. Die kinematischen Umkehrungen seien nur angedeutet, die feststehende schiefe Ebene mit darauf bewegter Last wird zum Keil, der die Last geradlinig hebt, oder in der Fortsetzung zur Schraube auf der einen Seite, zum Schneidwerkzeug auf der anderen. Erstere dient wieder zur Befestigung oder zur Bewegung, und zwar je nach der Anordnung zur Erzeugung geradliniger oder Drehbewegungen an Spindel oder Mutter. Allgemein ergibt sich die kinematische Umkehrung durch Feststellung eines anderen Gliedes in einem Getriebe.

Eine andere Entwicklungsreihe besteht in der Vervollkommnung des Zwanglaufs. Die einfachste Form benutzt den Menschen als Glied der Kette, indem er angewiesen wird, bei bestimmten Voraussetzungen gewisse Tätigkeiten auszuüben. Eine Verbesserung besteht darin, daß der Bedienende durch eine Anzeige- oder Signalvorrichtung darauf aufmerksam gemacht wird, daß er gewisse Griffe vorzunehmen oder zu unterlassen hat. Der nächste Schritt besteht darin, daß der Bedienende durch eine Verriegelung oder Sperrung elektrischer oder mechanischer Art verhindert wird, falsche Handgriffe auszuführen, wobei diese Vorrichtung zunächst nur einen Anhalt gegen unbeabsichtigte Fehler bieten kann (tölpelsicher, engl. foolproof) bei weiterer Ausbildung aber der Fehler unbedingt verhindert wird, selbst wenn der Bedienende ihn absichtlich vornehmen will. Die höhere Art des Zwanglaufes schaltet den Menschen vollständig aus und setzt dafür selbsttätige Einrichtungen, indem mehrere Bewegungen und Wirkungen miteinander gekuppelt oder voneinander abgeleitet werden. (Selbsttätige Auslösungen.)

Eine andere Entwicklungsreihe beruht auf der Beobachtung von Wirkungen oder Erscheinungen, die geregelt werden sollen. Die einfachste Form ist die Anzeigevorrichtung, die das Eintreten einer Erscheinung nachweist, ohne ihre Größe

Konstruktionsregeln. 23

quantitativ anzugeben (Windfahne, Spannungszeiger). Die nächste Stufe bildet das einfache anzeigende Meßinstrument, das den momentanen Wert der Erscheinung abzulesen gestattet (Wasserstandsrohr, Manometer, Uhr, Strommesser). Will man die Summe der Einwirkungen während einer gewissen Zeit verfolgen, so bedient man sich integrierender Meßgeräte (Zähler). Die höchste Stufe bildet das registrierende Instrument, das den Verlauf des Wertes der zu beobachtenden Größe über ein gewisses Intervall zu verfolgen gestattet und in Form einer graphischen Aufzeichnung niederlegt. Solche Registriervorrichtungen können den Verlauf als Funktion der Zeit darstellen, wenn die Bewegung des Registrierstreifens mit gleichförmiger Geschwindigkeit erfolgt (Barographen, Temperaturschreiber, Strom- und Spannungsschreiber, für hohe Geschwindigkeiten Lichtschreiber). In anderen Fällen wird die Geschwindigkeit des Schreibstreifens ungleichförmig gewählt und von einer gleichzeitig zu beobachtenden Bewegung abgeleitet (Indikatordiagramm der Dampfmaschine, Zerreißdiagramm der Festigkeitsmaschine). Solche Registriervorrichtungen ersetzen die punktweise Aufnahme der Werte von Funktionen zwischen zwei Veränderlichen. Eine vereinfachte Abart der Registriervorrichtungen verbindet wieder das Prinzip der einfachen Anzeigevorrichtung mit dem der fortlaufenden Aufzeichnung und stellt fest, daß während gewisser Bereiche, z. B. bestimmter Zeiten, eine Wirkung eingetreten ist, deren Größe aber nicht gemessen wird. Beide Registriervorrichtungen, die anzeigende wie die messende, können noch dadurch vervollkommnet werden, daß gleichzeitig mehrere abhängige Veränderliche aufgezeichnet werden (Strom, Spannung und Periodenzahl als Funktion der Zeit oder Stromentnahme verschiedener Betriebsabteilungen).

Die Zahl dieser allgemeinen, für alle Gebiete der Technik mehr oder weniger anwendbaren Regeln könnte noch erheblich vermehrt werden, doch möge diese Auslese genügen. Daneben hat jedes einzelne Arbeitsgebiet noch seine besonderen Regeln, die dem Spezialingenieur zur Verfügung stehen. Es sei hier nur die elektrische Schaltungslehre mit ihren vielfachen Veränderungen durch Arbeits- und Ruhestrombetätigung, durch Parallel- und Serienschaltung von Stromkreisen, Wicklungen und Kontakten erwähnt.

## VI. Gleichwerte.

Einen anderen Weg zur Konstruktion oder Erfindung bieten die Gleichwerte oder Äquivalente. Als solche kann man die verschiedenen Mittel bezeichnen, die zu Lösungen ein und derselben Aufgabe mit dem gleichen Erfolg verwendet werden. Es folgt hieraus, daß es keine absoluten Gleichwerte gibt, sondern daß sich dieser Begriff zunächst nur auf eine Aufgabe, dann aber auf ähnliche, d. h. gleichwertige Aufgaben beziehen kann.

Für die Aufspeicherung und Ausgleichung von Energie bieten gleichwertige Lösungen: Talsperre, Schwungrad, Windkessel, elektrischer Sammler. Hat man nun eine Aufgabe zu lösen, bei der die Aufspeicherung von Energie eine Rolle spielt, so wird man diese Möglichkeiten der Reihe nach in Betracht ziehen und untersuchen, wie weit sie für den fraglichen Fall verwendbar sind. Zur Ausgleichung der Stöße im elektrischen Förderbetriebe sind Schwungrad und elektrischer Sammler als gleichwertige Mittel zu betrachten, während die Talsperre natürlich nicht in Frage kommen kann.

Zur Bewegung von Schiffen werden Schaufelrad und Schraube als gleichwertige Mittel verwendet. Eine gleichartige Aufgabe ist der Transport gewisser Güter, wie Getreide, hier führt das Schaufelrad auf das Becherwerk und die Schraube auf die bekannte Transportschnecke. Ein drittes Mittel für die Bewegung beider Körper, des Schiffes, wie des Getreides, ist die bewegte Luft, und die Feststellung der Gleichwertigkeit des Windes mit Schaufelrad und Schraube für die Schiffahrt führt zur Verwendung von Preßluft im Getreidetransport.

Andere Gleichwerte sind z. B. Kreisel und Magnetkompaß für die Angabe der Himmelsrichtung, Pendel und Echappementshemmung für die Uhr.

Der Begriff Gleichwert ist aber nicht so aufzufassen, als ob die Lösungen vollständig gleichwertig seien. Trifft dies schon in einem einzigen Gebiet nicht genau zu, z. B. in demjenigen, das zur Feststellung der Äquivalente diente, so ist es noch weniger der Fall bei Übertragung der Gleichwerte von einem Bereich auf einen anderen. Eine jede Lösung wird vermöge ihrer Eigenart besondere Eigentümlichkeiten im neuen Verwendungsgebiet zur Folge haben, so daß ihre Anwendbarkeit stets gründlich untersucht werden muß und es sich ergeben wird, daß das eine Mittel für den einen Bereich vorteilhafter ist, das andere für den anderen, das dritte vielleicht für gar keinen.

Für den Überspannungsschutz elektrischer Anlagen stellen Drosselspule, Kondensator und Funkenstrecke gleichwertige Lösungen dar. Von diesen Gleichwerten ist für die Dämpfung von Kurzschlüssen aber nur die Drosselspule verwendbar, die beiden anderen scheiden aus, dafür tritt der Widerstand ein, der als eigentliche Überspannungsschutzvorrichtung nicht verwendbar ist.

Dämpfungswiderstände für Überspannungsschutz werden in Form von Drahtwiderständen, keramischen Widerständen, Wasserwiderständen und Pulverwiderständen verwendet. Für betriebsmäßige Energievernichtung scheidet dagegen die zweite und vierte Art aus, und die dritte eignet sich nur für kürzere Betriebsdauer oder behelfsmäßige Anlagen.

Die Verwendung gleichwertiger Lösungen stellt eine höhere Gedankenleistung dar als die Benutzung der früher erläuterten festen Regeln. Nach dem allgemeinen Gesetz, nach dem der Wert solcher Gedankenleistungen mit der Zeit ihres Bestehens und der Häufigkeit ihrer Anwendung sinkt, geht diese Stufe allmählich in die niedrigere über, und die Verwendung der Gleichwerte für einander wird, zunächst im engeren Gebiete, zur festen Regel. In vielen Fällen wird man nicht unterscheiden können, ob eine solche Gedankenreihe noch zur höheren oder schon zur tieferen Stufe gehört, es wird auch von der Gewandtheit und Übung des Konstrukteurs abhängen, ob er eine solche Gedankenreihe in die eine oder andere Klasse verweist. Wer viel mit elektrischen Schaltungen zu tun hat, wird es als Regel betrachten, daß er zum Schwächen des Stromes in einem Kreise das Ausschalten, Kurzschließen, Vor- oder Parallelschalten von Widerständen und die Stufenschaltung von Wicklungsabteilungen zu untersuchen hat, der Ungeübte betrachtet den Ersatz des einen oder anderen Mittels schon als Anwendung von Gleichwerten.

Wie sich hier ein Übergang von der Verwendung der Gleichwerte zur niedrigeren Stufe der festen Regeln darstellt, läßt sich auch das Gebiet nach oben erweitern. Gleichwerte entstanden dadurch, daß man eine Übereinstimmung der Aufgaben feststellte und die für die eine gefundenen Lösungen auf die andere übertrug. Im allgemeinen werden die Aufgaben ähnlich sein und eng benachbarten oder verwandten Gebieten entstammen. Die Gedankenleistung wird um so größer, je weiter die gleichartigen Aufgaben innerlich voneinander entfernt sind und je fremder sich die Gebiete, aus denen sie entnommen sind, gegenüberstehen. Um Analogien aus einem fremden Gebiet herüberzunehmen, muß der Ingenieur umfassendere Kenntnis besitzen und damit steigt der Wert seiner Tätigkeit.

Bei der heutigen Spezialisierung auf enge Arbeitsgebiete ist die Auswahl derjenigen, die eine so umfassende Kenntnis besitzen, verhältnismäßig gering geworden, und es ist schon eine Seltenheit, wenn ein Starkstromelektrotechniker Analogien und Gleichwerte aus dem Schwachstromgebiet heranholt.

## VII. Fernliegende Gedankenverbindungen.

Die höchste Stufe der Denktätigkeit beim Erfinden mag unter diesem Namen zusammengefaßt werden, doch muß man dabei berücksichtigen, daß hier recht verschiedenartige und verschieden wertvolle Begriffe in die Zwangsjacke einer Systemklasse gebracht sind, und daß man auch dieses Bereich in der Höhe noch mannigfaltig einteilen kann.

Es handelt sich um Verknüpfung von Gedankenverbindungen (Ideenassoziationen), die im Kopf des Erfinders aufgespeichert liegen. Man kann sie mit Saiten eines Musikinstrumentes vergleichen, die beim Anschlagen des gleichen Tones in mehr oder weniger lebhafte Schwingungen, je nach ihrer Dämpfung, geraten. Es sind nicht einzelne Begriffe und Gedanken, sondern Verbindungen derselben, die hier in Frage kommen. Sie können in der einfachsten Form als lineare Ketten aus einzelnen Gliedern betrachtet werden, von denen das eine sich nach irgendeinem Gesetz an das andere reiht, z. B. Ableitung der Wirkung aus der Ursache, Einschränkung des Begriffes durch Zusatz von Kennzeichen, Abänderung oder Fortlassung von Eigenschaften, die unbefriedigende Ergebnisse zur Folge haben. Überwiegend handelt es sich aber um verwickeltere Gebilde, die man sich etwa als maschenförmiges

Netz, oft als räumliches Fachwerk vorzustellen hat, um die Abhängigkeit eines Gliedes von mehreren anderen zum Ausdruck zu bringen. Auch die Gestalt eines Baumes, dessen vielfache Wurzeln (die Voraussetzungen) sich zu einem einheitlichen Stamme (der aus den Voraussetzungen entspringenden Tatsache) zusammenschließen, um weiter sich in eine Mehrzahl von Ästen und Zweigen aufzulösen (Folgen der Tatsache), bietet nur ein vereinfachtes Bild für die Form, in der die einzelnen Gedanken zu den Verbindungen verkettet sind.

Solche Gebilde sind nun im Gehirn des Erfinders gelagert, und seine Tätigkeit beruht in der hier zu betrachtenden Stufe darin, die getrennten Gedankenkomplexe in Beziehung zueinander zu setzen. Das geschieht vorwiegend auf dem Wege der Analogie, d. h. der Heraussuchung gleicher oder sehr ähnlicher Glieder verschiedener Ketten bzw. Knotenpunkte von Netzen und Fachwerken. Die eigenartige Leistung des Erfinders beruht darin, daß diese Gleichklänge Resonanzerscheinungen bei ihm auslösen, wie die Saiten einer Geige bei einer anderen, dadurch ihm zu Bewußtsein bringen, daß eine Verknüpfung der bisher getrennten Gedankengänge an diesem Punkte möglich ist, und damit die weitere Ableitung anbahnen.

Zwei ganz einfache Beispiele mögen dies erläutern, sie mußten aus alten Zeiten entnommen werden, um die mit dem Fortschreiten der Entwicklung in einem Arbeitsgebiet sich allmählich immer mehr verwickelnde Ausgestaltung zu vermeiden. Ob der Erfinder gerade so seine Gedanken abgeteilt hat, läßt sich natürlich nicht sagen, im allgemeinen kommen ihm ja die einzelnen Schritte gar nicht recht zum Bewußtsein.

Erstes Beispiel: Das Sicherheits-Bruchglied.

Eine Kette wird sehr hohem Zug unterworfen
|
Sie reißt an irgendeiner Stelle
|
Diese Stelle ist vorher nicht zu bestimmen    Die Bruchstelle soll
                                                                                    vorher bestimmt werden.
|                                                                    |
Wenn alle Glieder annähernd gleich sind  —  Ein Glied wird schwächer
                                                                              gemacht.
|                                                                        |
Die nicht zerrissenen Glieder sind überbeansprucht.              Dieses Glied reißt.
                                                                                       |
                                                              \_____ Die anderen bleiben unversehrt.

28    Fernliegende Gedankenverbindungen.

Die Verbindung, die durch eine gestrichelte Linie dargestellt ist, zeigt die Anknüpfung der neuen Reihe an die alte. Sie erfolgt in diesem Falle durch das Unbefriedigtsein mit einer Erscheinung und Einführung der Umkehrung als Mittel zur Abhilfe. Die zweite Querverbindung zeigt die Ableitung der neuen Reihe durch Umkehrung eines Kennzeichens, die dritte das sich daraus entwickelnde umgekehrte Ergebnis.

Man wird vielleicht finden, daß dieses Beispiel nicht hierher gehört, sondern in das einfachste Denkgebiet der festen Regeln. Das ist heute unbestreitbar richtig, war es aber nicht, als diese Erfindung noch neu war. Damals gehörte erhebliche Gedankenarbeit dazu, eine solche bisher unbekannte Verknüpfung zu schaffen.

Zweites Beispiel: Die Erfindung der Blei-Schmelzsicherung durch Edison.

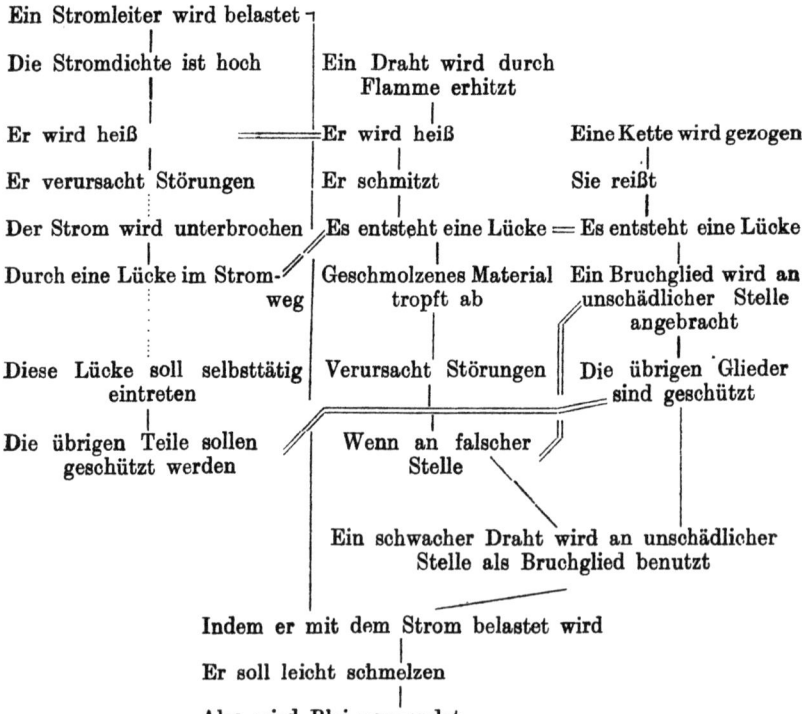

## Fernliegende Gedankenverbindungen.

In diesem Beispiele ist durch Doppelstriche angedeutet, wo Verknüpfungen der einzelnen Gedankenreihen eintreten, es sind 5 Fälle, von denen 4 auf Gleichheit der Glieder und der fünfte auf Gegensätzlichkeit zurückzuführen sind.

Schon dieses überaus einfache Beispiel zeigt ein krauses Durcheinander, ein Beweis, daß man verwickeltere Erfindungen nicht mehr so leicht verfolgen und auf dem Papier darstellen kann. Dazu kommt noch, daß die Ableitung der einzelnen Gedanken auseinander durchaus nicht immer in einer Richtung erfolgt, wie hier im allgemeinen von oben nach unten, sondern daß Kreuz- und Quersprünge, auch rückläufige Bewegungen, häufig sind. Man kehrt zum Ausgangspunkt zurück, ändert hier eine Bedingung und erhält eine neue Reihe, die mit den früheren verknüpft werden kann.

Man sieht in dem zweiten Beispiel eine Verknüpfung von Gedankenreihen aus ganz verschiedenen Arbeitsbereichen: der Elektrotechnik, der Wärmelehre, der Festigkeitswissenschaft. Sie begegnen sich an dem Punkte der Lückenbildung, hier ist die Analogie gegeben.

Das Gebiet dieser ferner liegenden Gedankenverbindungen ist noch wenig erforscht, es birgt dankbare Aufgaben für die Zusammenarbeit des Psychologen mit dem Erfinder, oder noch besser für Untersuchungen eines Forschers, der Psychologe und Ingenieur zugleich sein und erfinderische Begabung besitzen müßte. Es dürften sich manche Gesetze ableiten lassen, die die geistige Tätigkeit dieser Richtung beherrschen und Aussichten für die Weiterentwicklung und praktische Resultate verheißen.

Es ist in diesem Abschnitt nur von Erfinden, nicht von Konstruieren die Rede gewesen. Der Sprachgebrauch dehnt die Auslegung des letzteren Begriffes nicht so weit aus, daß auch diese Gedankenverbindungen darunter fielen. Man kann vielmehr, ohne die früher gegebenen Definitionen zu vernachlässigen, feststellen, daß im wesentlichen die festen Regeln und Gleichwerte das Gebiet der Konstruktion, die Gleichwerte und die ferner liegenden Gedankenverbindungen dasjenige der Erfindung bilden. Im mittleren Stockwerk überschneiden sich beide. Doch ist diese Unterscheidung nicht zu streng zu nehmen.

Auch das hier betrachtete Gebiet ist zeitlichen Veränderungen unterworfen und zwar in zwei Richtungen. Eine bestimmte Erfindung dieser Art sinkt mit der Zeit im Wert, sie bietet zunächst die Möglichkeit der Entwicklung von Äquivalenten und wird schließlich zur festen Konstruktionsregel oder zum selbstverständlichen Konstruktionselement.

Parallel mit der Wertverminderung eines gegebenen Gedankenschrittes geht die Entstehung neuer, immer weiterer und umfangreicherer Verbindungen. Jede Generation steht auf den Schultern der älteren, sie lernt von ihr und bildet das Übernommene fort. Man beginnt abgekürzt zu denken, denn die zwischen Anfang und Ende der alten Reihe liegenden Glieder sind selbstverständlich geworden und erfordern nicht mehr neue Arbeit. „Um einen Stromkreis gegen Überlastung zu sichern, nimmt man eine Schmelzsicherung", so lautet jetzt der erste Anfang einer Überlegung, die in schwierigere Gebiete führt, als Edison bei seiner Erfindung ahnen konnte. 30 Jahre nach der Entstehung der ersten Bleistreifensicherungen handelte es sich um die Aufgabe, viele Tausende von Pferdestärken bei hohen Spannungen von 500 Volt in einem Stöpsel von wenigen Kubikzentimetern Rauminhalt so sicher auszuschalten, daß man auch nicht das geringste Flämmchen sah. Und diese neue Anordnung, die so unendlich viel komplizierter ist und so viel mehr leistet, enthält wohl viel mehr andauernde Konstruktions- und Entwicklungsarbeit, aber bei weitem nicht die Weite des Gedankenschrittes, wie seinerzeit der erste einfache Bleistreifen für einige Ampere und wenige Volt.

Wenn man aber bei der Zusammenfassung des ganzen ursprünglichen Gedankenganges in einen kurzen Satz nicht die Ableitung berücksichtigt (bewußt oder unbewußt), so kann man leicht Fehler machen. Es kommt z. B. vor, daß zwei gleiche Sicherungen hintereinander geschaltet werden. Dies widerspricht der Ableitung für das Sicherheitsbruchglied, das wieder einen Bestandteil für die Entwicklung der Schmelzsicherung bildete. Dort hieß es, daß ein Glied schwächer gemacht wird, aber nicht zwei. Der Erfolg dieses Fehlers ist, daß zwei Sicherungen schmelzen statt einer solchen, oder daß eine schmilzt und die andere überanstrengt und beschädigt wird. Dies ist aber sinnwidrig.

## VIII. Technisches und erfinderisches Denken.

Die vorstehenden Betrachtungen führen auf die Entwicklung des erfinderischen Denkens, das eine Abart des technischen Denkens ist. Zu diesem vielbehandelten Gebiet seien daher einige Bemerkungen gemacht.

Der Ingenieur denkt anschaulich und zwar vorwiegend räumlich. In seinem Geist gestalten sich alle Vorstellungen zu Körpern, und wo der Gegenstand der Betrachtung nicht räumlich ist, wird er nach Möglichkeit durch geometrische Vorstellungen ersetzt. Dies führt auf ein Hilfsmittel zur Verarbeitung von Gedankenreihen, nämlich die graphische Darstellung. Der Ingenieur stellt sich den Verlauf einer Erscheinung mit der Zeit als Kurve vor, deren Abszissen die Zeiten, deren Ordinaten die dazugehörigen Werte der betreffenden Erscheinung sind, und auf diese Weise entsteht ein anschauliches, räumliches Bild. Ein charakteristisches Beispiel gibt folgender Fall: Der Verfasser experimentierte mit Streifensicherungen und belastete eine solche bis zur hellen Rotglut, er erklärte dabei einem Ingenieur, daß die Temperaturverteilung längs des Streifens etwa eine Parabel sein müsse; darauf erwiderte der Zuschauer, daß er die Parabel an den Glutfarben sehe.

Bei komplizierteren Erscheinungen müssen statt der zweidimensionalen, räumliche Gebilde in drei Dimensionen treten. An der Linie, der Fläche, dem Körper läßt sich der Verlauf einfach und deutlich verfolgen, an ihnen sind die notwendigen Interpolationen und Extrapolationen in der einfachsten Weise vorzunehmen. Nur in schwierigeren Fällen oder in solchen, die größere Genauigkeit erfordern, sowie schließlich in denen, in welchen die Übermittlung der graphischen Darstellung zu umständlich ist, wird die analytische Geometrie zu Hilfe genommen und an Stelle der Zeichnung tritt die Rechnung. Der letztgenannte Fall tritt besonders dann in Erscheinung, wenn das Gebiet wissenschaftlich wenig erforscht ist und daher statt genauer Berechnungen die Faustformel angewendet werden muß, die nichts anderes ist als die der erwähnten graphischen Darstellung entsprechende analytische Formulierung oder Gleichung.

Eine besondere Art der graphischen Darstellungen sind die Diagramme und Schemata, die ebenfalls in geometrischer

Form die Beziehungen mehrerer Unbekannten ausdrücken. An diesen Abbildungen werden die Erscheinungen geprüft und festgestellt, wo und in welcher Weise Abänderungen der Maschinen oder Vorrichtungen notwendig sind. Eine bestimmte Biegung im Linienzuge des Indikatordiagramms einer Dampfmaschine zeigt, daß an dieser Stelle des Hubes, wenn also der Kolben einen bestimmten Weg im Zylinder zurückgelegt hat, der Anlaßschieber für den Dampf geöffnet wird, und man kann an dem Diagramm ablesen, welche Folgen eintreten, wenn der Schieber früher oder später geöffnet wird.

In ähnlicher Weise gibt das Wechselstromdiagramm Anhaltspunkte, welche Maßnahmen zu treffen sind, um bestimmte Ergebnisse zu erzielen, etwa eine Phasenverschiebung zu verringern.

Wenn nun die Beurteilung der bekannten Erscheinungen durch solche Diagramme wesentlich erleichtert wird, so liegt es auf der Hand, daß für die Prüfung neuer Gedankengänge ein richtig aufgebautes Diagramm wertvolle Anhaltspunkte geben muß, und wer sich gewöhnt, in Diagrammen zu denken, erleichtert sich dadurch die Arbeit, die mit dem Erfinden und Konstruieren nun einmal verbunden ist, sehr wesentlich.

Man kann diese Hilfsmittel mit dem Handwerkszeug der Mathematik vergleichen, die ja auch nur aufgespeicherte Gedankenarbeit darstellt. Wenn man schreibt: $3^3 = 27$, so überlegt man auch nicht, welche Zahl von Operationen in dieser einfachen Rechnung enthalten sind, und daß man eigentlich folgendermaßen vorgehen müßte:

$$3^3 = 3 \cdot 3 \cdot 3$$
$$= 3 \cdot 3 + 3 \cdot 3 + 3 \cdot 3$$
$$= 3 + 3 + 3 + 3 + 3 + 3 + 3 + 3 + 3,$$

und daß diese Addition von 9 Gliedern durch Abzählen von der Zahl 1 bis zur Zahl 27 ausgeführt werden müßte, wozu die Finger und die Zehen nicht ausreichen würden, man also besondere Hilfsmittel, etwa Streichhölzer brauchen würde. Die höheren mathematischen Operationen, ebenso wie die höheren technischen Denkoperationen stellen den Niederschlag einer Unsumme von Gedankenarbeit dar, die früher geleistet worden ist, sei es von anderen, sei es von dem Betreffenden selbst.

Ähnlich wie nach dem biologischen Grundgesetz das Individuum die Entwicklung der Gattung in abgekürzter Form wiederholt, nimmt der Techniker beim Lernen die Erfahrungen und Arbeiten der Vergangenheit in sich auf und drängt frühere, umfangreiche Gedankenreihen zu einem einfachen Schritt zusammen, dessen ursprüngliche Bestandteile ihm später gar nicht mehr zum Bewußtsein kommen.

Deshalb ist es eine Voraussetzung der Erfindungstätigkeit wie der Konstruktionstätigkeit, daß im Geiste des Urhebers derartige Erfahrungsreihen in möglichst großem Umfange niedergelegt sind, und jede Arbeit, die geeignet ist, solche Operationen vorzubereiten und zu begünstigen, erleichtert die Denkarbeit des Erfinders. Darum bedeutet eine Beschäftigung mit der angewandten Mathematik und Physik oder eine wissenschaftliche Arbeit, die im Sinne des technischen Denkens durchgeführt wird, die Aufspeicherung eines Gedankenschatzes, der bei passender Gelegenheit die erfinderische Tätigkeit begünstigt oder befördert, auch wenn zunächst das Resultat null oder negativ sein sollte.

Die Mathematik bietet auch noch ein anderes Beispiel, wie eine Arbeit durch geschicktes Ansetzen wesentlich vereinfacht werden kann. Wenn man zu rechnen hat $(108 \cdot 68) : (36 \cdot 17)$, so kann man sehr schnell zum Ziel kommen, wenn man auf Grund bekannter Regeln, d. h. früher aufgespeicherter Kenntnisse, schreibt $\frac{108}{36} \cdot \frac{68}{17} = 3 \cdot 4 = 12$, während man eine sehr viel umständlichere Rechnung ausführen müßte, wenn man die erst angegebene Reihenfolge innehielte. In derselben Weise lassen sich auch bei technischen Aufgaben durch zweckmäßige Anordnungen Vereinfachungen finden, die die Arbeit erleichtern. Dabei handelt es sich um eine Sache der Gewandtheit, die durch Übung, also vergangene Arbeit, gewonnen wird. Wer die Übung selbst nicht besitzt, muß sich plagen und betrachet leicht als geniale Leistung, was nur ein Erzeugnis früherer Mühe und systematischer Ausbildung ist.

Ein anderes wertvolles Hilfsmittel der Ingenieurarbeit ist das Symbol. Man vergleicht eine verwickelte, schwer verständliche Erscheinung mit einer anderen bekannten, deren Behandlung und Beherrschung, sei es in räumlich anschaulicher, sei es in mathematischer Form, man schon kennt. An dieser bekannten Erscheinung, dem Symbol, führt man nun die Operationen durch, die an der ursprünglichen Größe anzustellen wären und untersucht, inwieweit die gefundenen Resultate anwendbar sind. Das Verfahren ist um so zweckmäßiger, je besser das Symbol gewählt ist, d. h. je genauer seine Eigenschaften mit denen der Erscheinung selbst, des Urbildes übereinstimmen. Es sei hier nur der Vergleich des Stromes mit elektrischen Erscheinungen, der Wellen und Schwingungen mit Licht und Elektrizität erinnert. Ist das Symbol gut gewählt, die Übereinstimmung also sehr weitgehend, so lassen sich die Gedankenoperationen einfach an ihm durchführen und auf das Urbild übertragen, und die Beziehungen zwischen Symbol und Urbild werden so eng, daß man unter Umständen nur noch in Symbolen denkt und die Erscheinung direkt mit dem Namen des Symbols bezeichnet. Viele Erfindungen werden am Symbol gemacht und dann übertragen, sie würden ohne dieses nur mit den größten Schwierigkeiten oder gar nicht möglich sein.

Ein ferneres, sehr wesentliches Hilfsmittel des Ingenieurs ist das Experiment, und zwar entweder in vereinfachter Form unter Fortlassung verwickelter Nebenerscheinungen, also gewissermaßen in Reinkultur, im Laboratorium oder unter Berücksichtigung aller Nebenerscheinungen und unvermeidlicher Störungen in der Praxis. Nach Möglichkeit wird der Ingenieur beide Wege benutzen, zunächst den vereinfachten klareren und was nicht unwesentlich ist, im allgemeinen viel billigeren der Laboratoriumsprüfung, und in zweiter Reihe, wenn der erste Versuch gelungen ist, sowie in allen den Fällen, in denen er nicht durchführbar ist, den umständlichen und meist kostspieligen, auch durch viele Nebenerscheinungen unübersichtlicheren der Praxis.

Das Experiment spielt in der Ingenieurtätigkeit eine zweifache Rolle: als Mittel zur Ausarbeitung und als Prüfstein der fertigen Erfindung. Hier kommt nur die erstere Möglichkeit in Betracht, von der zweiten wird später zu reden sein. In diesem Zusammenhang gibt das Experiment die Antwort auf eine Frage, die im Verlaufe der Entwicklung und zum Zwecke ihrer Förderung gestellt wird. Dabei ist zu beachten, daß der Laboratoriumsversuch meist klare und einfache Auskünfte ergibt, aber eine richtige Fragestellung unter Ausscheidung nebensächlicher und störender Umstände und Beibehaltung oder Verstärkung der wichtigen erfordert; hat man hier nicht genügende Vorsicht und Umsicht walten lassen, so kann man leicht zu einem ganz falschen Ergebnis kommen. Beim praktischen Versuch ist dagegen in der Auswahl der Bedingungen meist kein so großer Spielraum gegeben, dafür erfordert das Resultat eine sorgfältige Auswertung, damit der Einfluß der nicht vermiedenen Nebenerscheinungen ausgeschieden, und derjenige etwa nicht eingehaltener wesentlicher Voraussetzungen entsprechend berücksichtigt wird.

Werden diese Gesichtspunkte richtig gewürdigt, so bildet das Experiment ein gutes und wertvolles Mittel zur Entwicklung der Erfindung. Meist bleibt es dabei auch nicht bei der einen Frage. Hat man auf diese die Antwort erhalten, so wird eine abgeänderte zweite Frage gestellt, deren Ergebnis wieder modifiziert wird usw., bis man einen Überblick über das betreffende Gebiet erhalten oder die Grundlagen zur weiteren Gedankenarbeit geschaffen hat.

Nur wertlose Erfindungen werden endgültig fertig, eine gute Neuerung gibt immer noch Anlaß zu zweckmäßigen Verbesserungen, die sich in der Praxis ergeben und die Fortarbeit ermöglichen und erfordern. In diesem Sinne wird die Verwendung der angeblich abgeschlossenen Erfindung zum Experiment, das die meist nicht beabsichtigte Weiterarbeit anregt und oft geradezu erzwingt.

Eine wichtige Eigenschaft des erfinderischen Denkens besteht in der Vereinfachung der betrachteten Gegenstände und Gedankenreihen. Alles Nebensächliche wird ausgeschieden, nur das Wesentliche beibehalten und verarbeitet. Der neue Körper, der konstruiert werden soll, entsteht im Geiste des Urhebers in großen, allgemeinen Zügen, denen die unerheblichen Einzelheiten, die für die praktische Ausführung unentbehrlich sein mögen, noch vollständig fehlen. Handwerksmäßige Kleinarbeit ist für die Umsetzung in die Wirklichkeit unentbehrlich, und der Konstrukteur muß sie beherrschen, soll er nicht zum Phantasten werden. Aber für das Durchdenken in großen Zügen darf nur das Wichtige und Unentbehrliche eine Rolle spielen. Ebenso wird die Entwurfsrechnung zur Überschlagsrechnung, die nur mit 3, höchstens 4 oder 5 Dezimalen ausgeführt wird, möglichst mit dem Rechenschieber, der eine größere Genauigkeit nicht erlaubt, aber schnell zum Ziele bringt. Während der Kaufmann in einer Millionenbilanz den letzten Pfennig nachweist, läßt der Ingenieur bei der vorläufigen Prüfung, die zum ersten Anhalt genügt, die Tausender fort. Der Ansatz der Rechnung birgt ja doch meist so viele Fehler oder Vernachlässigungen gegen die wirklichen Verhältnisse, daß solche absichtlichen Abweichungen um Bruchteile von Prozenten keine Rolle mehr spielen.

Man sagt, daß die Kunst des Malers nicht in dem liege, was er darstellt, sondern vor allem in dem, was er fortläßt; die Vereinfachung, Heraushebung des Charakteristischen, Fortlassung des Störenden und Nebensächlichen, sei ein Hauptmerkmal der Kunst. Auch der Ingenieur, der neue Werke aus dem Nichts schafft, ist in diesem Sinne ein Künstler, wie überhaupt der Vergleich noch weit ausgesponnen werden kann. Ein gewisses Talent muß beiden angeboren sein, ohne dieses kann nichts Großes entstehen. Aber Ausbildung, Fleiß und Arbeit, akademische oder, was bei beiden Gattungen viel mehr bedeutet, eigene und autodidaktische Erziehung sind notwendig; sie erzeugen beim geborenen Talent große Leistungen und bei dem Mittelmäßigen immerhin brauchbare, bisweilen achtungswerte Erfolge. Auf beiden Gebieten gibt es aber auch hoffnungslos Unbegabte, die nie auf den sogenannten grünen Zweig kommen und sich besser anderer Tätigkeit zuwenden würden.

## IX. Übung im erfinderischen Denken.

Aus Vorstehendem folgt, daß man das erfinderische Denken erlernen und sich darin üben kann, wenngleich eine gewisse Begabung Voraussetzung sein muß. Die akademische Ausbildung ist hierbei nicht zu verachten, obwohl sie immer nur den Anfang und das untere Stockwerk bilden kann, auf dem sich die Ergebnisse eigner Weiterarbeit aufbauen. Hierbei hängt alles von der Persönlichkeit des Lehrers ab. Ein solcher, der die großen Gesichtspunkte seines Gebietes hervorzuheben und die zwingende innere Entwicklung darzustellen vermag, wird dem werdenden Ingenieur, in dessen Seele auch nur ein Fünkchen Begabung schlummert, Anregungen geben, die sich nicht nur auf das dargestellte Gebiet beschränken, sondern als Vorbild für andere Arbeiten weiterwirken. Dagegen wird der trockene Pedant, der sich in den Einzelheiten verliert, seinen Schüler wohl erziehen, korrekte Zeichnungen anzufertigen, aber nicht zum technischen Denken im Großen anregen. Beide Arten von Lehrern sind notwendig, und der großzügige Unterricht bringt eigentlichen Nutzen erst dann, wenn der Schüler das Handwerksmäßige beherrscht. Leider reicht die Zeit der Ausbildung in der Schule, sei es Hoch- oder Mittelschule, meist nicht dazu aus, erst den notwendigen handwerksmäßigen Unterbau zu schaffen und dann die großzügige Entwicklung vorzunehmen, und die Vorträge der letzteren Art verfehlen in manchen Fällen ihren Hauptzweck, weil die notwendige Unterlage fehlt.

Hier muß nun die eigene Arbeit einsetzen. Die Technik verträgt sich nicht mit dem Autoritätsglauben, sondern verlangt Kritik und eigene Arbeit, nicht totes Wissen, sondern lebendiges Können. Wer das Indikator- und Schieberdiagramm der Dampfmaschine als ein gegebenes Gerüst betrachtet, an dem er nur herumzuturnen hat, wird niemals eine neue Maschine konstruieren können. Es handelt sich vielmehr darum, immer daran zu denken, wie die Diagramme entstanden sind, welche Denkoperationen sie enthalten und wie sie veränderten Bedingungen anzupassen sind.

Wer eine Formel, etwa gar eine Faustformel, als absolute Wahrheit annimmt, ohne sich stets darüber Rechenschaft zu geben, unter welchen Voraussetzungen sie entstanden ist und wieweit danach ihre Gültigkeit geht, wird bald Fehler machen, die sich in Mißerfolgen zeigen.

Auch die höchste Stufe der Erfindungstätigkeit, das Herstellen fernerliegender Gedankenverbindungen, läßt sich entwickeln und üben. Die im Gehirn des Erfinders liegenden Ideenassoziationen waren mit Saiten verglichen worden, die zur rechten Zeit in Resonanzschwingungen geraten müssen. Ihre natürliche Dämpfung läßt sich durch häufige Übung der Geistestätigkeit verringern, wie steifgewordene Muskeln durch Training zum kräftigen Spielen gebracht werden. Man nimmt sich z. B. eine gegebene Erscheinung und Vorrichtung vor und analysiert sie, um wesentliche und unwesentliche Kennzeichen zu unterscheiden. Durch Fortlassung der letzteren erhält man einen erweiterten Begriff, der aber leicht der praktischen Bestimmtheit entbehrt. Um ihm diese wieder zu verleihen, sind neue Kennzeichen zuzufügen. So kommt man zu neuen Vorrichtungen, die den alten teils äquivalent sind, zum Teil aber andere Eigenschaften besitzen.

Wenn man bei einem Begriff das eine Mal dieses, ein anderes Mal ein anderes Kennzeichen fortläßt oder ersetzt, so kommt man auf eine neue Betrachtungsweise, die einen anderen Hauptbegriff und andere Äquivalente bietet. Gute Ergebnisse erzielt man durch Einprägung der verschiedenen so entstandenen Begriffe und Vergleich mit Analogien aus benachbarten, auch bisweilen fernerliegenden Gebieten.

Eine sehr zweckmäßige Übung im erfinderischen Denken ist auch die sorgfältige Ausarbeitung von Patentansprüchen. Will man ein weitreichendes Patent erhalten, dessen Tragweite ohne nachträgliche Auslegung durch das Gericht umfassend genug und jedem Betrachter, also auch der Konkurrenz, einwandfrei klar ist, so muß man das geschilderte Verfahren gründlich befolgen. Der Begriff, der den Gegenstand des Anspruches bildet, muß so weit wie nur möglich, die Zahl der Kennzeichen ein Minimum sein. Denn an jedem nicht unbedingt notwendigen Zusatz wird die Konkurrenz eine Einschränkung und die Möglichkeit einer Umgehung erblicken, indem dafür eine gleichwertige Änderung eingeführt wird. Will man also Zweifeln und dadurch bedingten Schwierigkeiten und Prozessen aus dem Wege gehen, so muß man dieses Verfahren durchführen, und wer dies oft tut, wird an sich merken, wie dadurch wieder die erfinderische Tätigkeit angeregt und gefördert wird.

Wenn auch die Beobachtung der eigenen Tätigkeit hierfür am ersprießlichsten sein wird, so ist doch ein kritisches Studium der Leistungen anderer nicht von der Hand zu weisen, gibt vielmehr viele Anregungen. Manche Erfindung wird durch Kenntnisnahme anderer Leistungen hervorgerufen, sei es, daß sie Verbesserungen und neue Wege auf demselben Gebiet eröffnet, sei es, daß sie ganz andere Gedankengänge anklingen läßt.

Wie jede streng logische Durcharbeitung eines technischen

Gebietes erweist sich auch das Entwerfen von Preislisten als förderlich für die konstruktive und erfinderische Schulung.

Wenn man einen größeren Bereich in dieser Weise durchdenken muß, so ist man gezwungen, die Gedanken nach allen Richtungen schweifen zu lassen, um die vielen Möglichkeiten der Praxis von vornherein zu berücksichtigen und Schwierigkeiten für später aus dem Wege zu gehen, sowie die Fragen, die der Kunde stellen könnte, bereits im voraus zu beantworten. Man hat nicht nur die einzelnen Apparate und Maschinen aufzuführen, die den Gegenstand der Listen bilden, sondern man muß auch die Möglichkeit der Verbindung mit allerlei Zusatzteilen berücksichtigen, die die Verwendbarkeit in dem einen oder anderen Spezialfall zu erhöhen geeignet sind. Dabei werden einzelne Zusätze sich gegenseitig ausschließen, während andere in allen möglichen Kombinationen vereint auftreten können. Das System von einfachen und mehr oder weniger komplizierten Zusammenstellungen, das sich so ergibt, hat große Ähnlichkeit mit einer Konstruktion oder Erfindung und vielleicht dieselbe oder größere praktische Bedeutung.

Der Listenentwerfer hat ferner die Frage aufzustellen und zu beantworten, wie die Apparate verwendet werden können und ob nicht ganz unvorhergesehene Lösungen durch eine der erwähnten Verbindungsmöglichkeiten sich ergeben. Manchmal wird eine Maschine durch die Abänderungen, die sich im planmäßigen Aufbau der einzelnen Haupt- und Zusatzteile ergeben, in überraschender Weise vielseitig verwertbar, so daß dadurch ein wesentlich erweiterter Absatz entsteht.

Wie man sieht, führt dies tatsächlich zu einer Erfindung, die auf einer sekundären Aufgabenstellung beruht.

Diese allgemeinen Gesichtspunkte werden ausreichen, um verständlich zu machen, wie der Ingenieur die in ihm liegende erfinderische Begabung erwecken und fördern kann. Eine dankbare weitere Aufgabe würde es sein, daraus Regeln abzuleiten, wie die erfinderische Leistungsfähigkeit geprüft werden kann. Ähnlich wie man in neuerer Zeit den Kraftfahrer oder Flugzeugführer vor der Einstellung auf seine Eignung untersucht, um den rechten Mann an den rechten Platz zu stellen, würde mittels geeigneter psychotechnischer Verfahren auch die Auslese der Konstrukteure und Erfinder vorzunehmen sein, womit nicht nur im Interesse der Arbeitgeber, sondern auch sehr wesentlich in dem der Angestellten ein wesentlicher Fortschritt durch richtigere Ausnutzung vorhandener Fähigkeiten und Fortfall unfruchtbarer Arbeit und überflüssiger Reibungen erzielt werden würde.

Man könnte z. B. dem Prüfling Aufgaben vorlegen, die seine Kombinationsfähigkeit zeigen, ihn Lücken in Sätzen und Geschichten ergänzen lassen, ihm Rätsel und einfache technische Aufgaben vorlegen, und je nach der Eignung deren Schwierigkeit steigern. Dabei würde allerdings große Vorsicht nötig sein, um nicht zu gute oder zu schlechte Ergebnisse dadurch zu erzielen, daß der fragliche Prüfling mit dem behandelten Gebiet besonders gut oder sehr wenig vertraut ist.

## X. Gedankliche Untersuchung einer Lösung auf Brauchbarkeit.

Bei der Besprechung des allgemeinen Gedankenganges der Erfindung war erwähnt worden, daß jede Lösung auf Brauchbarkeit untersucht werden müsse. Hier soll zunächst erörtert werden, wie dies in Gedanken geschehen kann.

Der Gegenstand der Erfindung wird im Betriebe sehr verschiedenen Verhältnissen unterworfen sein, und die Mannigfaltigkeit der Beanspruchungen kann sehr groß werden. Eine erschöpfende Behandlung würde die Berücksichtigung aller dieser Möglichkeiten erfordern. Die Aufgabe erscheint unlösbar, läßt sich aber in vielen Fällen durch systematische Überlegungen bewältigen.

Man wird die Vielgestaltigkeit der Praxis in eine oder mehrere Reihen von Erscheinungen auflösen können, die durch Veränderung einer bestimmenden Größe entstehen. Mathematisch ausgedrückt, handelt es sich um eine Funktion von mehreren Veränderlichen. Man greift zunächst eine derselben heraus und untersucht, wie sich die Verhältnisse gestalten, wenn diese Größe innerhalb der praktisch möglichen Grenzen verändert, die anderen aber konstant gehalten werden. Ist man mit dieser Überlegung fertig, so wiederholt man sie durch Veränderung einer anderen Größe usf. Das Verfahren ist dasselbe wie es

### Gedankliche Untersuchung einer Lösung auf Brauchbarkeit. 41

bei der Darstellung räumlicher Flächen angewendet wird, die man durch Schnitte, parallel zu den Koordinatenebenen in Kurvenscharen zerlegt; hat die Fläche keine singulären Punkte, so genügt das Verfahren vollständig.

In jeder derartigen Überlegungsreihe wird man aber auch nicht sämtliche Fälle zu untersuchen haben, sondern sich auf eine geringe Anzahl charakteristischer Möglichkeiten beschränken können. Der einfachste Fall ist der einer stetig ansteigenden oder fallenden Funktion, die demnach am einen Ende des betrachteten Bereichs ihren niedrigsten, am anderen ihren höchsten Wert hat. Hier genügt es, die beiden Grenzfälle zu betrachten, da alle übrigen augenscheinlich auch in ihrer Wirkung dazwischen liegen.

Will man z. B. die Wirkungsweise einer Schmelzsicherung untersuchen, so wird man in vielen Fällen mit den beiden Grenzwerten zum Ziele kommen, nämlich mit der Untersuchung des Grenzstromes, d. h. des geringsten Stromes, bei dem die Sicherung gerade noch schmilzt, und des größten möglichen Kurzschlusses. Letzteren berücksichtigt man, indem man in der Rechnung den Stromwert unendlich setzt.

Dieses Verfahren ist aber nur dann zulässig, wenn die geschilderte Voraussetzung zutrifft, d. h. die Funktion in dem betrachteten Bereich nicht nur stetig ist, sondern auch kein Maximum oder Minimum besitzt. Der Hebelschalter hat für die Schaltleistung häufig bei gegebener Spannung ein solches Minimum, das bei einer mittleren Stromstärke liegt. Will man also seine Leistungsfähigkeit feststellen, so darf man nicht nur mit ganz kleinen und ganz großen Stromstärken probieren, sondern man muß auch den kritischen Punkt herausfinden und untersuchen.

Solche Überlegungen beziehen sich natürlich nicht nur, wie die beiden angeführten Beispiele, auf die experimentelle Prüfung, sondern auch auf die Betrachtung auf dem Papier und in Gedanken.

Im allgemeinen wird eine Mehrzahl solcher Untersuchungsreihen notwendig sein. Der geschickte Ingenieur vermag sie aber durch sorgfältige Überlegung auf eine verhältnismäßig geringe Zahl zu beschränken. Will man z. B. die Wirkung einer selbsttätigen Überstromschutzvorrichtung für Drehstrom ableiten, so genügt es, zwei Untersuchungsreihen anzustellen, nämlich die eine für einen Schluß zwischen zwei Phasen und die andere für einen Erdschluß in einer Phase. In jeder dieser Reihen sind zwei Grenzwerte zu untersuchen, nämlich für den geringsten Auslösestrom und den größten möglichen Strom, unter Umständen noch ein dritter Wert für eine dazwischenliegende kritische Stromstärke.

## XI. Die Feuerprobe der Praxis.

Man kann eine Erfindung erst dann als einigermaßen abgeschlossen betrachten, wenn sie sich in der Praxis bewährt hat. Zwischen diesem Stadium und dem, was bisher betrachtet worden ist, liegt ein weiter Weg mit vielen Hindernissen und Schwierigkeiten, ja man kann sagen, daß die wirkliche Arbeit erst anfängt, wenn die Erfindung auf dem Papier oder in dem Versuchsexemplar vollendet scheint. Schon die Umsetzung in die praktische Form bedeutet eine mühevolle Arbeit und verlangt häufig mehr oder weniger einschneidende Abänderungen, und viele Erfindungen sehen in der Ausführung ganz anders aus als in der Patentanmeldung.

Um die Erfindung lebensfähig zu machen, müssen nach dem Erfinder noch viele Köpfe und Hände helfen, der Zeichner, der Werkstattsingenieur, der Arbeiter, der Kaufmann und mancher andere. Es bedeutet eine Verkennung wirtschaftlicher Tatsachen, wenn man dem Erfinder einen Rang vor oder über den anderen einräumen will. Seine Tätigkeit liegt zeitlich früher und ist notwendig für das Entstehen des Neuen, aber die Leistung der anderen ist ebenso notwendig und unentbehrlich, und es erscheint daher unberechtigt, dem einen, nur weil er der Erste in der Reihe ist, einen größeren Anteil an Ehre und Nutzen zu gewähren.

Ist das Fabrikat auf den Markt gebracht und in die Praxis eingeführt, so folgt erst die eigentliche Feuerprobe, und manche scheinbar schöne Erfindung hat ihr nicht standhalten können, weil Nebenumstände unberücksichtigt geblieben waren, die sich nachher störend bemerklich machten und nicht fortzuschaffen waren. Manche dieser Störungsmöglichkeiten bestehen aus ganz geringfügigen Einflüssen, gewissermaßen Imponderabilien, deren Wirkung sich erst nach langer Zeit fühlbar macht, die an sich so unscheinbar sind, daß man sie vernachlässigte oder mit Recht unbeachtet lassen zu können glaubte, während sie durch die allmähliche Steigerung ihrer Wirkung einen zersetzenden und zerstörenden Einfluß ausüben.

Ferner können Umstände, die nicht vorauszusehen waren, die schönste Erfindung wertlos machen, so Änderungen der Marktlage, Auftreten anderer Erfindungen, die denselben Zweck auf anderem, besseren Wege erfüllen oder das Bedürfnis nach anderer Richtung lenken. Wie eine Erfindung ein neues Gebiet zu erschließen vermag, so ist sie auch bisweilen imstande, ein anderes Gebiet zu sperren. Die Dampfturbine und der Gasmotor haben die Bedeutung der Kolbendampfmaschine erheblich verringert und die Erfindungen auf diesem Gebiete entsprechend entwertet.

Diesen Schwierigkeiten muß der Erfinder durch dauernde Abänderung und Anpassung begegnen, und in diesem Sinne wird eine gute Erfindung niemals vollständig fertig.

## XII. Die Stellung des Erfinders zur erzeugenden Industrie.

Im folgenden sollen die Beziehungen des Erfinders zu der Industrie besprochen werden, die den Gegenstand ausführt. Solche Beziehungen können mehr oder weniger intim sein. Nur der Fachmann, der jahrelang wissenschaftlich und besonders wirschaftlich in einem Gebiet tätig ist, kann die vorhandenen Bedürfnisse überblicken, deren Befriedigung durch Stellung und Lösung neuer Aufgaben einen wirtschaftlichen Fortschritt ermöglicht, oder weitschauende Maßnahmen treffen, um neue Bedürfnisse zu wecken und damit neue Absatzgebiete zu schaffen. Es läßt sich nicht leugnen, daß in vereinzelten Fällen auch Außenseiter fruchtbare Gedanken hervorgebracht haben, aber dies bezieht sich doch mehr auf wissenschaftliche Entdeckungen, die langjährige eingehende Arbeit dem Nichtfachmann ermöglichen kann, — man denke an den Arzt Robert Mayer und das Gesetz von der Erhaltung der Arbeit. Wirtschaftliche Fortschritte wird nur der bringen können, der in der Wirtschaft wurzelt, und der in systematischer Entwicklungsarbeit aus dem ihm bis in die äußersten Verzweigungen offen daliegenden Gelände neue Früchte zieht, oder der umgekehrt aus der Handhabung des Erzeugnisses die Mängel des Vorhandenen herausfindet, die eine Abhilfe erfordern.

Dies führt auf eine Unterscheidung der Erfinder nach ihrer wirtschaftlichen Stellung zum Erzeugnis, in Erzeuger und Verbraucher. Der erstere gestaltet seine Arbeit nach der Kenntnis des Marktgebietes, aufbauend, der letztere kann ihm dazu das von ihm gefundene Bedürfnis mitteilen und dadurch eine Anregung geben. In diesem Falle kommt es darauf an, ob die Aufgabe schon in einer Form gestellt ist, die unmittelbar eine praktische Lösung ermöglicht oder ob sie noch umgestaltet und verarbeitet werden muß, ehe sie eine Fassung gewinnt, die sich dem aufbauenden Geist des Konstrukteurs anpaßt. Danach wird die Frage zu beurteilen sein, ob der anregende Verbraucher als Miterfinder zu betrachten oder die ganze Leistung dem Erzeuger zuzuschreiben ist. Dagegen kann der Verbraucher auch zum alleinigen Erfinder werden, wenn er selbst die Aufgabe in der passenden Form stellt und danach die Lösung entwickelt oder vorschreibt.

Umgekehrt wird in vielen Fällen der Erzeuger von einem anderen Erzeuger, dem Konkurrenten, angeregt werden, dessen Schutzrechte ihn in seiner wirtschaftlichen Bewegungsfreiheit beengen und zur Einschlagung neuer Wege zwingen, die denselben Erfolg bringen oder ein anderes Arbeitsgebiet zur Befriedigung gleicher Bedürfnisse erschließen sollen. Ein gutes Patent ruft Umgehungs- oder Konkurrenzpatente hervor, in Fällen, wo der technische Nutzen fraglich ist, auch bisweilen diametral entgegengesetzte Gedankengänge.

In nahem Zusammenhang mit der Unterscheidung der Erfinder in Erzeuger und Verbraucher steht die andere Einteilung in Einzelerfinder und Erfindergesellschaft (Unternehmen). Der Verbrauchererfinder ist wohl stets Einzelerfinder, auch wenn er einem Unternehmen angehört, selbst dann, wenn seine Erfindungen kontraktlich diesem Unternehmen zustehen. Denn dieses arbeitet ja wirtschaftlich in ganz anderer Richtung und hat wohl im einzelnen Falle an der Benutzung des erfundenen Gegenstandes, nicht aber an seiner Herstellung Interesse.

## Die Stellung des Erfinders zur erzeugenden Industrie. 45

Die Erfindung des Erzeugers ist in vielen Fällen, in manchen Industrien beinahe ausschließlich, eine Etablissementserfindung. Denn nur die Arbeit des betreffenden Unternehmens, seine jahrelang aufgespeicherten Erfahrungen, Erfolge oder Mißerfolge, ermöglichen die Auffindung der Lücke, die ausgefüllt werden soll und den Aufbau der einzelnen Elemente zur neuen Erfindung. Nur einige Industrien, wie z. B. die chemische, geben die Möglichkeit, in planmäßiger Laboratoriumsarbeit und Ausnutzung der Literatur, aber ohne innigeren Zusammenhang mit dem praktischen, wirtschaftlichen Leben, Neues zu schaffen, was dem Begriff der Erfindung entspricht. In den übrigen Fällen stammen die Anregungen und meistens die einzelnen Bausteine aus dem lebendigen Wirken des Unternehmens, wenn auch vielleicht ein Einzelner den Schlußstein zum Bau fügt.

Es ist früher auseinandergesetzt worden, in welchem Umfange Konstruktion und Erfindung übereinstimmen, und der Konstrukteur ist zum Konstruieren angestellt. Was er in dieser vertraglichen Tätigkeit leistet, gehört unbedingt der Firma, die ihn in Form von Gehalt oder Beteiligung dafür bezahlt. Es ist unberechtigt, dem Konstrukteur eine besondere Entschädigung zuzubilligen, wenn seine Arbeit unter dem Namen Erfindung patentiert wird, denn wie früher ausgeführt, entstehen die wirtschaftlichen Werte und damit auch die Gewinne des Unternehmens zu gleichen Teilen aus der Arbeit derer, die dafür ebenso unentbehrlich sind, und deren Zurücksetzung gegenüber dem Konstrukteur unbillig ist. Auch eine Erfindung, die höhere Gedankenarbeit voraussetzt, also etwa die Schaffung fernerliegender Gedankenverbindungen enthält, wird dann ganz dem Unternehmen zuzusprechen sein, wenn der Urheber eine Stellung bekleidet, in der solche Tätigkeit von ihm erwartet werden kann oder muß. Wenn das Unternehmen einen Ingenieur auf Grund seiner erfinderischen Leistungen und mit einer entsprechenden Entlohnung angestellt hat, so liegt offensichtlich die Absicht vor, diese Tätigkeit dem Unternehmen dienstbar zu machen, und der Angestellte unterwirft sich durch Eingehung des Verhältnisses dieser Absicht, es sei denn, daß ihm vertraglich besondere Rechte an etwaigen Erfindungen zugesichert werden. Richtiger ist es, wenn das Unternehmen ihn am Umsatz und dem Nutzen des Ganzen, nicht etwa nur der Erfindung, beteiligt. Andernfalls würde er auf eine, der Entwicklung des Geschäftes schädliche Bahn der einseitigen Bevorzugung seiner Geisteskinder gedrängt und zu einem Übermaß an Erfindertätigkeit veranlaßt werden. Und das letztere ist vom Übel, denn der Mann, der jeden Tag neue Gedanken bringt und eine geregelte Fabrikation dadurch nicht entstehen läßt, der bei jeder Konstruktion, die ihm vorgegeben wird, erst tagelang überlegt, wie er es anders machen kann, stört den Betrieb aufs empfindlichste, anstatt ihn zu fördern. Die geschilderte Beteiligung ist dagegen geeignet, die besonderen geistigen Fähigkeiten des Mannes auch in anderer Richtung nutzbar zu machen, wobei er wie das Unternehmen auf ihre Rechnung kommen.

Vom Standpunkt der Berufsehre sollte der Ingenieur stets das Interesse haben, den Begriff der Konstruktion möglichst weit auszulegen und die Erfindung, die nach üblicher Auffassung eine über das Normale hinausgehende Leistung darstellt, zur Seltenheit stempeln. Es ist doch schließlich das Interesse des technischen Berufs, daß ihm höhere Leistungen, als Zeichnungen zu pausen und Einzelteile herauszuzeichnen, zugeschrieben werden.

Ganz anderer Art ist die Erfindung des Außenseiters, die häufig auf dem von Juristen erfundenen sogenannten Geistesblitz beruht. Es kommt leider, wie bei dem Mangel an Sachkenntnis erklärlich, nicht viel Praktisches dabei heraus. Auch heute noch wird manches Perpetuum mobile angemeldet, wenn auch meist in verschämter Form, oder ein Gebiet, das gerade Mode ist, wird mit „neuen" Gedanken befruchtet, die, wenn auch nicht der alte Methusalem, so doch schon vergangene Generationen gekannt und zum Teil als unbrauchbar beiseite gelegt haben. Die Elektrotechnik, die Kriegsindustrie in den ersten Zeiten des Weltkrieges, die Luftschiffahrt wissen ein Lied davon zu singen. Für einen Statistiker wäre es z. B. eine lohnende Aufgabe, festzustellen, wie oft die Anbringung leuchtender Radiumpräparate an Teilen, die nachts sichtbar sein sollen, an Uhren, elektrischen Schaltern, Druckknöpfen usw. erfunden und angemeldet worden ist. Derartigen Gebrauchsmustern begegnet man heute immer wieder.

Da eine Patentanmeldung im allgemeinen den vorhandenen

Druckschriften und praktischen Ausführungen nicht so genau gleicht, wie ein Ei dem anderen, so gelingt es bisweilen, auf solche Erfindungen, d. h. tatsächlich auf den minimalen Unterschied des Neuen gegenüber dem Bekannten, bei genügender Ausdauer und Beharrlichkeit ein Patent zu erhalten, dessen Schutzumfang und damit praktischer Wert höchst dürftig ist, und wenn das nicht glückt, so bleibt immer noch die Möglichkeit eines Gebrauchsmusters.

Aus dieser Art entspringt zum großen Teil die vielgenannte und viel bemitleidete Gattung des „armen Erfinders", der für sein Schutzrecht keine Verwertung findet und Geld und Arbeit vergebens geopfert hat.

Es gibt natürlich auch einzelstehende, fachkundige Erfinder, die gute Gedanken niedergelegt haben, aber diese wird man nicht zur Gattung des armen Erfinders zählen können, weil ihnen die erzeugende Industrie ihre Erfindungen stets gern abnehmen wird, solange ihre Forderungen sich im Rahmen des Möglichen bewegen. Die Industrie, wenigstens die fortschrittlich gesinnte, hat alle Veranlassung und volles Interesse daran, gute Neuerungen aufzunehmen und auszubeuten, und sie hat durchweg, schon im eigenen Interesse, den Wunsch, daß der Erfinder ein angemessenes Entgelt für seine Leistung erhält und zur Weiterarbeit mit ihr angeregt wird. Aber die Forderungen dürfen natürlich nicht derart sein, daß der Firma bei dem Geschäft nur das Risiko ohne einen entsprechenden Nutzen bleibt. Je enger der Schutzbereich eines Patentes oder Gebrauchsmusters, und je größer damit die Wahrscheinlichkeit wird, daß bei einer erfolgreichen Verwertung des Artikels die Konkurrenz Umgehungen findet, die ohne Lizenzgebühren und Kosten, also billiger auf den Markt geworfen werden können, um so niedriger muß das Entgelt des Erfinders ausfallen. Die Klagen der Einzelerfinder sind zum großen Teil auf nicht genügendes Verständnis dieser wirtschaftlichen Notwendigkeiten zurückzuführen. Hierdurch, sowie durch die Bedingungen, die dem Erfinder eine unter Umständen über das Interesse der Fabrik hinausgehende Sicherung der Ausführung und Steigerung des Absatzes garantieren sollen, entstehen Schwierigkeiten für die Verwertung der Einzelerfindung, die aber nicht der ablehnenden Haltung der Industrie zugeschrieben werden dürfen.

## Zusammenfassung und Schlußbemerkung.

Nach einer Erklärung der Begriffe des Erfindens und Konstruierens ist in dieser Arbeit der Versuch gemacht worden, die Denkarbeit beider zu erläutern und ihre leitenden Gesichtspunkte und Regeln abzuleiten. Es ist gezeigt worden, daß Erfinden Arbeit ist und aufgespeicherte Erfahrungen voraussetzt, ferner wie diese gesammelt und zur Anleitung verwertet werden können. Daraus ergibt sich die Möglichkeit, bei Vorhandensein einer gewissen Begabung das Erfinden und Konstruieren zu lernen und zu lehren, und damit eine Aussicht auf Förderung unserer Produktion, die im Interesse des verarmten Deutschlands verfolgt zu werden verdient.

Wenn die Arbeit in diesem Sinne anregend wirken und eine weitere Entwicklung hervorrufen könnte, die den gegebenen allgemeinen Hinweisen praktische Bedeutung verleiht, so wäre ihr Zweck erfüllt.

If you have any concerns about our products,
you can contact us on
**ProductSafety@springernature.com**

In case Publisher is established outside the EU,
the EU authorized representative is:
**Springer Nature Customer Service Center GmbH
Europaplatz 3, 69115 Heidelberg, Germany**

Printed by Libri Plureos GmbH
in Hamburg, Germany